四季星宿×神話故事×觀星指南，
一次了解各具特色的東西方星空，成為讀星高手不是夢！

ZODIAC

宙斯與玉帝談星

姚建明——編著

目錄

第2章　「星星證照」等級1～10

第3章　二十八星宿和《步天歌》

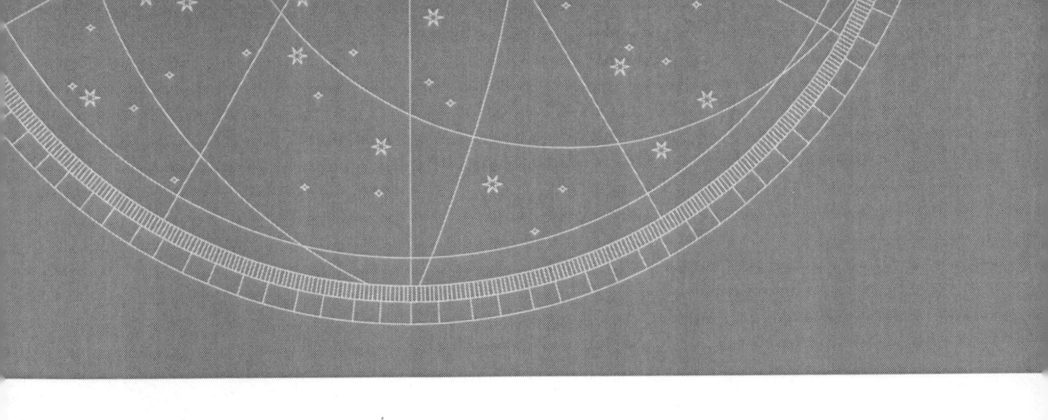

前言

市面上介紹如何認識星空的書已經不少了，給我的第一個感覺就是在「哄小朋友」。他們會告訴你北斗七星、春季和夏季大三角，甚至冬季六邊形等，看上去很美，但是第二天再讓你去找估計就找不到了。不是星星消失了，而是你對它們沒印象了！天上那麼多的「大三角」到底是哪個呀？我們則打破傳統，延續我們的風格，為你講故事；既講西方星座的故事，也講中國古代星官的故事。最亮的天狼星、你最關切的黃道十二星座；文曲星、財福祿三星，相信看了故事你會更急著去親近它們。

現在不是都流行「考證照」嗎？我們也「跟風」一次，為你設置了「星星證照」的 1 ～ 10 級。你達到 10 級了，100 多顆星星就等於裝在你的口袋裡了，你也就成為「上知天文，下知地理」的高人啦！我們還會為你分等級，從「宮主」到「堡主」，再到「星主」，最後是「天帝」！透過練習，讓你認識了 10 顆星星之後想再認識 20 顆、50 顆、100 顆以上，你絕對有資格擁有「10 級星星證照」，成為認識天空的「天帝」，並且有能力當其他人的「天文小老師」。

讀了這本書之後，你會了解到古代先人們認識大自然的努力和刻苦精神。為那些美妙的希臘神話故事拍手叫好，在欣賞故事的情節，以及與故事裡的人物產生共鳴的同時，也到星空下去實地看看，認識一下他們「居住」的星座。不過，你會發現，古代的星座（官）故事，更加嚴謹、更加系統化。紫微（垣）——森嚴高貴，是皇親國戚生活的地方；太微（垣）——機構設置完備，是皇帝帶領大臣們辦公的地方；當然不能忽視老百姓的社會生活，所以有供「天下交易」的天市垣，那裡有各種商店、各類管理者、各種需要的度量器具，甚至還有發布「貿易資訊」的場所，四通八達的交易窗口和交易路徑，通達「天下的」諸侯國。

可以說，西方人認識天空是「由天及人」，根據「天象」來編故事、記述歷史，最主要的目的還是為了認識星空，一個星座會包含它周圍最亮的那些星星。而東方人則是「由人及天」，三垣四象二十八星宿，組成它們的那些星星都是「人為」挑選過的。也就是說，那些星宿並不能包含那個天區所有的亮星，而是根據「教化人民」的功能去挑選星星，這也就使得東方「星宿」的「分野」更具系統性和故事性。比如我們前面提到的「三垣」和圍繞「拱衛」它們的二十八星宿。實際上組成二十八星宿的星星故事性更強，比如組成南方朱雀的夏季星空，古人們就為我們講述了一個生動、詳實而又實際的「南方戰場」，南方七宿面對的是中國南方的「南蠻」，為了和他們作戰，天上的星官有供軍隊居住的「庫樓」星、插布軍旗用的「旗星」、軍隊出入需要的「軍門」星等。星星中包含了一支完整的軍隊、一座完備的軍營、一幅生動的戰爭場面。

去夜觀天象，去認識屬於你的星星吧！去接觸深邃而神祕的星空吧！去融入生我們、養我們、培育我們的大自然吧！

第 1 章

認識星星你就不會迷失方向

這話「可靠」嗎？天上的星星那麼多，有那麼好認嗎？
依靠辨識天體來確定方向，當然可靠。我們的先人就是這樣做的，具體來說，辨識方向可以白天看太陽、晚上看星星。有人就「為難（調侃）」我了：陰天怎麼辦？我說：陰天憑感覺啊！當然，你的（野外）經驗足夠了，你就完全可以依賴你對大自然、對方向（位）的感覺。實際上，我們也大可不必去依靠「感覺」這種「形而上」的東西，那我們憑什麼？對，憑「標誌物」，附近的、遠處的；地面的、天上的。比如，你家的房子是不是「朝南」的？

1.1　你分得清東南西北嗎？如何辨識方向

不管你是因為野外遊玩的需要，還是想拓展自己的知識、能力，掌握隨時能辨識方向的能力，還是很有必要的。當然，我們這裡說的是在野外。在那種高樓林立的城市街區，沒法找到路時，我們只能是靠路標、靠警察，或者打開你的手機導航吧。

想去闖天下，那是要做專業準備的，不屬於我們討論的範圍。我們的目的只是從告訴你如何辨識方向開始，引導你去認星星，去辨別星空，去認識宇宙、大自然。

1.1.1 野外辨識方向的方法

一般在野外都是利用指南針和地圖來分辨方向。如果沒有指南針和地圖，可就麻煩了，那就一點辦法也沒有了嗎？放心，大自然會救你，你的天文學知識會救你！根據太陽、月亮、星星或是樹木生長的情況，就可以辯識出我們所在的方位。

1．觀察周圍的事物分辨南北

我們先來點實際、簡單的。氣定神閒，先從身邊的事物開始。

(1) 由樹枝生長的情形分辨（圖 1.1）

圖 1.1　樹木若吸收充分的陽光，枝葉自然生長茂密。由此可知，樹葉茂密的部分即為南邊。靠近太陽的一邊（我們在北半球是南邊更靠近太陽啦），光合作用明顯，樹葉茂密的同時也需要更粗的樹幹

(2) 由樹葉生長的方向辨別 (圖 1.2)

圖 1.2　花草樹木皆有向陽的特性，葉面所朝的方向即為南方

(3) 由樹木的年輪辨別 (圖 1.3)

圖 1.3　如果周圍有截斷的大樹幹時，可藉由年輪的情形加以分辨方向。相鄰年輪距離較寬的一方，即為陽光充足能使樹木生長良好的南方

(4) 由石頭或樹根的青苔辨別 (圖 1.4)

找出青苔生長處，以青苔的平均密度分辨出方向。

圖 1.4　利用青苔喜歡生長於潮濕地方的特性，找出背陽處，進而分辨出向陽的南方

2．觀察遠方事物分辨南北

利用附近的事物是能觀察南北方向，但為了得到充分的證實，我們還是要得到遠方物體的求證。

(1) 以山上樹木生長的茂密情形判斷（圖 1.5）

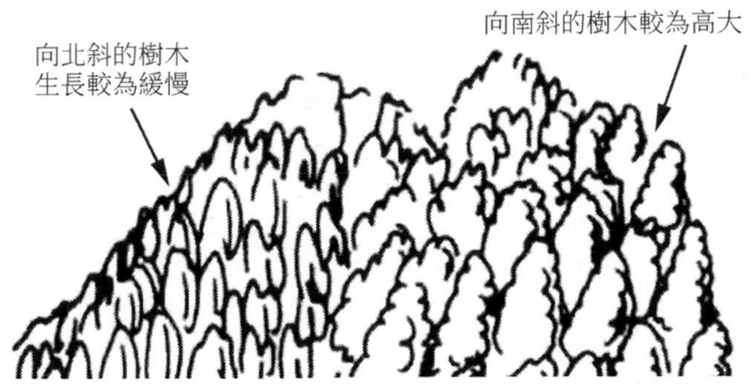

圖 1.5　向南的樹木生長較向北的樹木快。以此可分辨出南北

(2) 以民宅的坐向判斷（圖 1.6）

圖 1.6　山上的民宅（尤其是廟宇）多為坐北朝南的建築，並且會在北側種植樹木以防止寒冷的北風，依此原則也可判別出南北

3．以手錶和太陽的位置分辨北方

戴手錶又成了一種「時尚」。手錶不管價格高低，有指針的表盤都可用來判斷方向。看圖操作吧。

(1) 將手錶擺平，中央立一火柴棒（小樹枝亦可，圖 1.7(a)）；
(2) 旋轉手錶，使火柴棒的影子與短針重疊（圖 1.7(b)）；
(3) 陰影與表面 12 點位置之間中央的方位即為北方（圖 1.7(c)）。

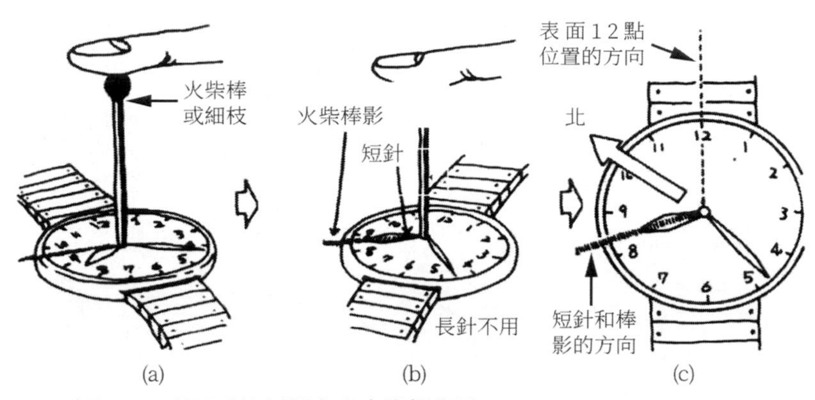

圖 1.7　利用手錶判斷方向實際操作圖

4．以日月的移動分辨東南西北

我們再把我們的視野和「目標物」放大一點、放遠一點。這次我們用太陽和月亮。

(1) 在平地上直立一長棒，在棒影的前端放置一小石頭 A（圖 1.8(a)）；
(2) 10 ～ 60 分鐘後，當棒影移至另一方時，再放置另一小石頭 B 於棒影的前端（圖 1.8(b)）；
(3) 在兩個石頭間畫上一條線，此線的兩端即為東西，與此線垂直的兩端即為南北（圖 1.8(c)）。

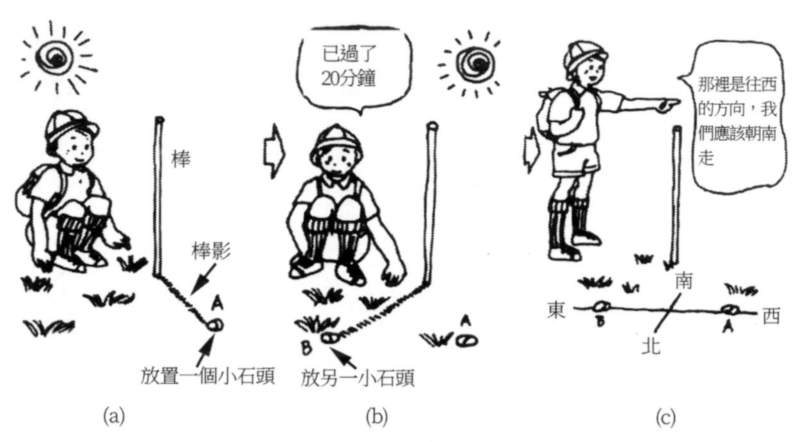

圖 1.8　使用木棒、小石頭，利用太陽陰影的移動測定方向

5・以月亮的形狀和移動分辨東西南北

如跟我們可以用觀察太陽移動的位置分辨方向一樣，藉由月亮的形狀和它的移動我們也可以找出東南西北。

(1) 上弦月（圖 1.9）

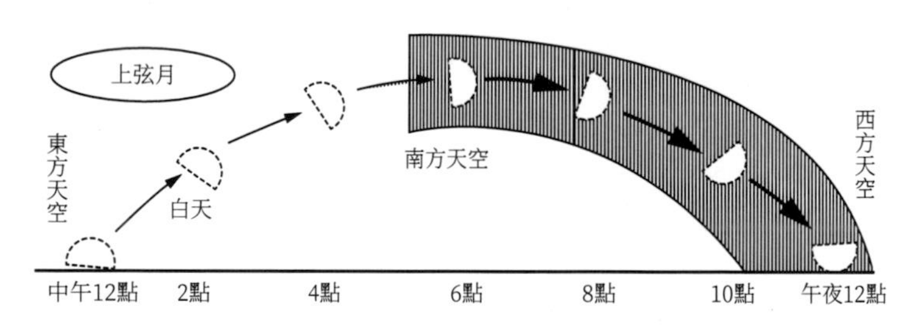

圖 1.9　上弦月黃昏時由南方天空升起，深夜則沉沒於西方地平線

(2) 滿月（圖 1.10）

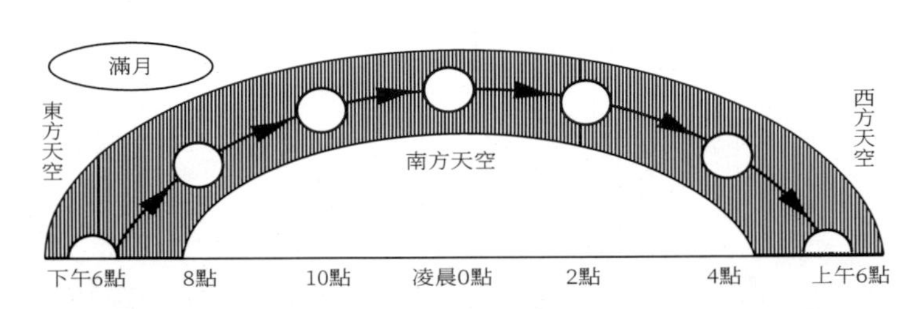

圖 1.10　滿月黃昏時由東方地平線升起，清晨則沉沒於西方地平線

(3) 下弦月（圖 1.11）

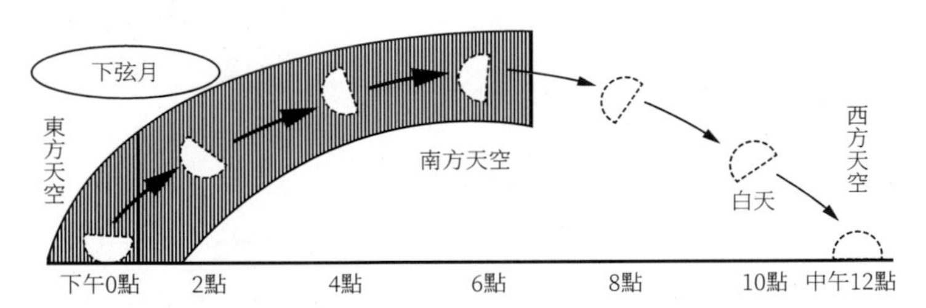

圖 1.11　下弦月深夜時由東方地平線升起，清晨則位於南方天空上

6．找到北極星就可以找到北方

如果夜空中出現美麗的星斗，我們可由北方三星座找到北極星。

(1) 大熊座的 A 處長度加上 5 倍同等距離的長度；
(2) 仙后座的 B 處長度加上 5 倍同等距離的長度；

(3) 小熊座的尾端即為北極星所在位置 (圖 1.12)。

圖 1.12　利用北斗七星「斗口」的兩顆「指極星」和仙后座的 W 形狀去找到北極星，那裡就是北。而且，北極星的地平緯度就是當地的地理緯度

還可以利用其他的星座來找尋北極星以及確定方向，這需要在你熟悉了更多的星座之後。我們會在後面的內容中陸續為大家介紹。比如，在某些地方，秋冬季節北斗七星已經跑到地平線以下了，我們除了可以利用圖 1.12 的仙后座 W 形狀之外，還可以利用由飛馬座和仙女座四星組成的「秋季大四方」，它被稱作天上的「天然定位儀」，不僅能找到北極星，還能很方便地確定南北、東西。

1.1.2　古人觀星定向思維的發展過程

實際上，在古代，人們就已經用觀察星星方位的方法來確定方向了。不過，古人觀星定向也經歷了一個發展、變化的過程。你會說：「觀星定向？太陽那麼大、那麼明亮，幹嘛還要去認星星辨方向呀？」喔，晚上有太陽嗎？就算是白天你敢「直視」太陽嗎？那就用月亮好啦！我敢直視月亮，而且月亮似乎是白天、晚上都有的。是呀，那麼大、那麼明亮的月亮，難道前人就沒有想過去利用它，而是費力地去找星星、透過辨認星星來定方向？原因當然有，聽我們慢慢說。

1．立竿見（測）影

太陽耀眼的光芒使人無法直視它，更何況太陽高懸天際，也沒法用一般工具直接測量。所以要測量太陽的運行軌跡，必須採用間接手段。

怎樣做呢？透過觀察，古人發現，被陽光照射的物體，一定會有相應的陰影。於是，人們不難聯想到：只要將某一有固定長度或高度的物體，長期固定在某一能被陽光全天候全方位照射的地方，那麼就可以透過測量此物體陰影的變化來追索出太陽的運行規律。這樣，人類最早的辨別方向以及計時的工具和方法就出現了——立竿測影。

所謂「立竿測影」，就是將一根木桿樹立在一片露天的空曠地面上，透過觀測每日每時木桿影子的長度和角度變化來測算具體的方位、時節和時間點。古人「立竿測影」法的原理，在其具體應用上，我們可以做如下推測。

立竿測影法最先可能是用於測量每日「日中」時間點的變化。太陽東昇西落的運行軌跡變化會在不同時間點上留下不同角度的陰影，透過測量陰影角度的變化就能推算出具體的時間點。被用作時辰報點的「日晷」就是依據此原理製成的。然後隨著人們日復一日、年復一年的不斷測量，透過大量的數據積累會發現，同一個時點在每年不同日子裡，其桿影的長度也呈現週期性的變化。我們的先人生活在北迴歸線以北、北極圈以南，他們發現：每年天最炎熱的時節裡，太陽運行的軌道相對靠近北部，此時的桿影相對偏短；而每年最寒冷的季節裡，太陽運行的軌道相對靠南，此時的桿影相對偏長。為了準確測量此變化，我們的先人又做了更精確的測量：以每日正午太陽運動至軌道最高點、桿影最短時的桿影長度為基準，準確測量一年四季（實際是最冷的一天的一個週期循環）中每一天正午時刻桿影的長度，然後記錄下每天此時桿影長度的數值，從而得出四季流轉中太陽運行的規律。透過數據比對不難發現，一年中必有那麼一天日影最長、一天日影最短，這最長的一天就是被後世稱為「冬至」，最短的那天就是「夏至」。在確定了冬至和夏至這兩天后，在由冬至到夏至和夏至到冬至的兩個半年裡再進行對半分，則得到了「春分」和「秋分」這兩天。（雖然春分和秋分在立竿測影上並無顯著特徵，但這兩天在確定「天赤道」的方法裡有不可替代的作用。）這種透過測量桿影長度變化來確定一年內具體的每一天的方法，後來演化成「圭表法」。

在掌握了「圭表法」計日後，人們自然會因為桿影長度的幾個特徵數值而注意到一年中四個特殊的日子——冬至、夏至、春分、秋分。而這四個日子在圭表上則反映為三道被著重標記的刻線：冬至點標線離測桿基點最遠，夏至最近，春分和秋分時標線到基點的距離等於測桿長度，如圖 1.13 所示。

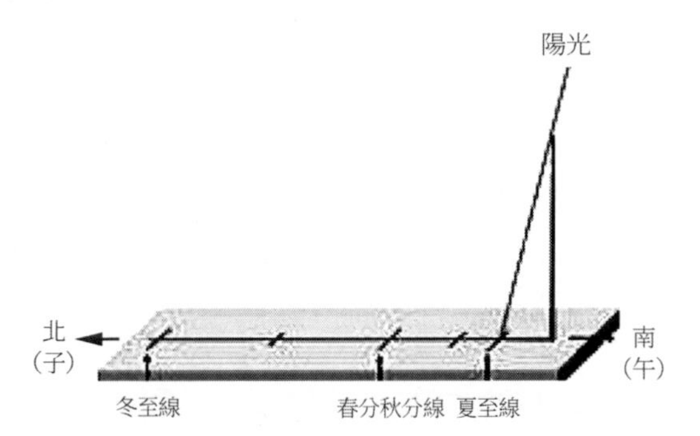

圖 1.13　古人經過一個「冷暖冷」週期的測量，利用太陽影子的週期性變化，確立了兩分兩至點，從而確立了方向

因為這三道線在圭表法中是一年時節四等分的依據，所以其重要性獨一無二、無可替代。我們的先人為了彰顯其重要性，還將其作為文飾而到處刻畫。從一些考古發掘出的出土文物中就可見一斑，如圖 1.14 所示的象牙梳就是大汶口文化的遺

物，其表面就刻畫了一圈呈橫「8」字形迴旋的「三」字紋。

圖 1.14　大汶口文化距今 6,500 ～ 4,500 年，延續時間約 2,000 年

這種「三」字紋很有可能就是後世陰陽八卦的原形。不過，在那個時代也沒有今日之「陰陽」。雖然從紅山文化（距今五六千年）發掘出的玉器中，我們可以發現當時已經有了雌雄兩兩相比的概念，並有向「陰陽」概念發展的趨勢，但我們並不能因此而斷定當時也會有從「陰陽」推演出的「八卦」。況且，從進化論的角度來看，事物的發展大多會經歷從簡單到複雜、從孤立到系統的過程。而即使是相對簡單的各只有三道線共八個卦象的先天八卦，其中也包含了不少的數理計算。因此，很難想像「八卦」能被一蹴而就地發明出來（神話中，伏羲根據天地圖形一下子畫出來，據說那源於上天的傳授），而應該是經歷了反覆推演變遷後所得的，八卦應該有更原始、更單

純的雛形。所以八卦的雛形起源於沒有「陰陽」之分的「三」字紋是種合乎邏輯的推測。後世的八卦很有可能就是「三」字紋與「雌雄相匹」這兩種意識交融的成果，兩者交融從而催生出「陰陽八卦」。

從考古上看，華夏民族早在 5,000 年前就已經掌握圭表測量的技術，安徽含山一距今 5,600 年至 5,300 年的考古遺址中所發現的一塊玉製龜板上就有表示土圭測日的痕跡，如圖 1.15 所示。

圖 1.15　龜板上的痕跡具有明顯的規律，且有方向性的指示

從此玉龜板上看，當時的古人不僅知道了春分、秋分、冬至和夏至，還有了立春、立夏、立秋和立冬的概念。至此可以認為，我們的先人已經有了一套相對精確的計時方法，可以透過太陽的變化來測算出今天處於一年四季中的哪個節點上、今時又處於一天中的哪個時刻上。有了這種精確的計時方式，

何時進行農業的播種收穫就有了準確的依據，農業才能高效地運行而規避因擇時錯誤而帶來的巨大損失。這在人類生產力發展的歷史上是個重大的進步，有了農業發展，人類就能用同樣面積的土地養活更多的人，從而釋放剩餘勞動力來從事其他工作，為人類的進步打下了堅實的基礎！

2．從圭表到星象

「圭表法」紀日是在新石器時代晚期的生產力條件下所能運用的一套最有效的計時和判定方向的方式。但這套方法在當時卻有個明顯的缺點——需要有專職的觀測員從事日象觀測；並且需要長期（跨年度）固守在某一固定地點才能有效展開工作。這兩個問題放在生產力高度發達的當下來看，並不是什麼問題，但在新石器時代晚期卻是個重大難題。

首先，在當時的生產力條件下，各部落的人口總數是相當少的。從目前的考古發現來看，當時一般的城邑也就只能容下幾千人的人口，其規模也就相當於現在的一個村。受當時的農業水準限制，當時的糧食產量是相當低的，不及今日的十分之一（當時的耕種主要為「刀耕火種」，純粹靠山吃山，沒有灌溉、施肥等人工助產手段）。所以在當時生產力條件下，要每個村都來供養幾個專職的天文工作者是不現實的。村裡人各種各的地，也僅能保證溫飽無虞，還要防備各種天災人禍帶來的風險，所以一個小城邑或村落的有限剩餘農產品是難以「供養」一套專職的天文觀測團隊的。因此，當時有限的生產能力是不支持絕大多數城邑村落來長期從事「立竿測影」這一工作的。

其次，當時的農業生產方式也難以保證個人能長期固守某地從事立竿測影工作。眾所周知，最早的種植方式是「刀耕火種」，即先以石斧砍伐地面上的樹木以及枯根朽莖、草木曬乾後用火焚燒。經過火燒的土地變得鬆軟，不用翻地，利用地表草木灰作肥料，播種後不再施肥，一般種一年後易地而種。這種一年一轉移的生產方式是新石器時代晚期最普遍的種植方式，如果天文觀測人員也跟著進行轉移，那麼所測得的日影數據必然會引入年際間的地域誤差，這對確定具體時節的精確度是會造成重大影響的。

另外，使用立竿測影法就必須先清理出一片大面積的平坦開闊的露天廣場，這樣才能保證陽光不受遮蔽阻擋地照射到測影竿上。這問題在田畝連片的後世並不難解決，但在灌木連片成林的洪荒年代，要開墾出一大片空地也絕非易事。這也需要耗費不少的人力才能辦到，對一般的小城邑或村落而言，是筆沉重的經濟負擔，沒有一定規模的生產力也是難以承辦此事的，若是在山區就更困難了。

所以，以立竿測影為原理的圭表法紀日，雖然在技術上能保證計時的準確度，但其人力投入也較大，一般村落難以負擔其高昂的經濟開銷。所以圭表法紀日難以全面推廣，我們的先人需要更經濟實惠的方式來解決年內紀日的問題。但此時在太陽觀測技術上已經難以再有突破性的技術創新了，於是人們就將目光從白天的太陽轉移到了夜晚的星星，希望從星星變化中找到與太陽運行相關的規律，來降低紀日工作的經濟成本，以利於推廣普及。

3．為何不是月亮

夜晚的星空中最明亮也最易被觀測到的天體，當首推月亮。古人應該先想到月亮呀！但是相對於恆星，月亮的變化規律對於古人來說太難以掌握了。現今我們所用的傳統農曆，也是以回歸月的 29.5 天為一個週期來紀月，對於我們是早已習慣了這種紀月方式，所以往往也就理所當然地認為自古以來都是這麼紀月的。那麼歷史真的是這樣的嗎？

首先，出土文物並不支持此觀點。在整理殷墟的出土甲骨時，學者們就發現：殷商甲骨中有不少在「十三月」所做的占辭，而當時各個月的時間也並不固定，最少的僅 28 天，最長的有 32 天——可見當時並沒有形成一套持久穩定的紀月方式。從出土文物所示內容以及專業學者的研究來看，中國古代制定出一套完整的以月紀年的方法 (19 年 7 閏)，最早也只能追溯到西周中後期。還有，從近些年挖掘出的山西陶寺天文臺遺址來看，最早的紀月方式似乎並不是一年 12 個月，而是一年 10 個月（那時候一年有 5 季：春、夏、長夏、秋、冬，按木、火、土、金、水的相生關係而自然循環，兩個月對應一季，似乎是很明顯也很有道理的）。現今地處西南的彝族依然使用一種一年十等分的十月曆。由此可見，今天所用的「19 年 7 閏」的農曆並不能想當然地認為「自古有之，理所當然」。很有可能初始的紀月方式並非以回歸月的 29.5 天為標準。

其次，要發現「19 年 7 閏」的月相變化規律其實並不容易。因為在人的潛意識裡，喜歡以 2、3、5 這三個數為起點，並透過對這幾個數的不斷擴大倍數來尋找物理運動的數理關係。但「19 年 7 閏」中的兩個數「19」和「7」都是質數，與 2、3、5 之間不存在倍數關係，所以要找到 19 與 7 之間的數理連繫是需要透過大量的對觀測數據的處理才能得到的。

其實，直到春秋戰國前，人的平均壽命也就 40 多歲——那就意味著人的一生一般也就能見到兩個完整的「19 年」輪迴而已。所以個人要在有限生命中，透過有限的天文數據累積來歸納總結出「19 年 7 閏」的年月週期，是件很難辦到的事。只有當天文觀測數據足夠多時，才能建立可靠的數理模型。按統計學的觀點來看，至少需要 20 組數據的分析才能達到樣本足夠大、偏差低於 5% 的數學要求。因此，很難想像在新石器晚期，在有限的觀測記錄和艱難的保存手段下，我們的先祖就能積累足夠多的數據來發現「19 年 7 閏」的月相變化規律。

由此看來，月亮雖然是夜空中最容易被觀測到的天體，但其本身獨特的運動規律讓人難以捉摸，故以月亮的運行軌跡為座標來簡潔明瞭地追蹤和表達太陽的運行軌跡是難以實現的，我們的先人必須去找到其他的標記方式來標記太陽的運行規律。但夜空中除了月亮外，就是漫天星辰了；在這麼多的星辰中，又該挑選哪些既有明顯特徵，又能被明顯觀測到的星辰呢？

4．不動的恆星

在漫天的星星中，首先排除的就是金、木、水、火、土五大行星（這是西漢以後對五大行星的稱呼，東周以前並不如此命名）。雖然這五顆星的運行軌跡完全不同於其他星辰自東向西的運行規律，各有各的特色且易於辨認，但這五大行星的運行並不遵循固定（視）軌跡運行，會令初學天文者感到難以捉摸。水星（古稱辰星）和金星（古稱太白）只有在日出前或日落後的一段時間裡出現，還不是全年都能看到；火星（古稱熒惑）紅色的色澤在漫天星辰中顯得與眾不同，但其時快時慢的運行軌跡讓人無所適從；木星（古稱歲星）和土星（古稱鎮星）是自西向東運行，與其他星體的運動方向相反，而且它們的運行週期太長。五大行星與眾不同各具特色的運行軌跡使得它們難以被用於作為紀年紀月紀日的基準星（木星比較特別，被稱為歲星，是因為它具有 12 年的公轉週期），所以它們首先被排除出候選名單。

其他的星辰雖然都是每晚自東向西運行，且星與星之間的距離與位差始終保持恆定——這也是「恆星」一詞的由來——但在數以萬計的星辰裡，究竟選哪些星辰作為基準的標識星比較合適呢？

仰望夜空會一目瞭然地發現：整個夜空的恆星在從黃昏到黎明的整個黑夜裡，都是像太陽那樣從東方升起西方落下，並且也是沿著與太陽運行軌道類似的圓弧軌道運行。於是，古人們自然會思索：能否在這漫天的繁星中找出些易於被觀測並有顯著特徵的星，作為計時的基準象徵，並以此為基礎製作一套報時定位系統呢？

經過反覆的觀測，我們處於北半球中高緯度的先人終於發現：所有恆星的圓弧運動都似乎是在圍繞同一中軸作圓周運動，而這個中軸就在天穹上的頂點，應該在北方天空的某一點上，這個點就是所謂的「北極」。如《晉書·天文志》就明確指出：「北極，北辰最尊者也，其紐星，天之樞也。」隨著更多、更深入的觀測，人們又發現，這條「中軸」並不與地平面平行，而是與地平面成一定角度的夾角。而天空中北半球的某些星也因此在一年四季中的無論哪一天都能整夜出現在夜空中，這一片天空構成了後來所謂的「恆顯圈」(東方天區分布中最重要的三垣裡的恆星基本都屬於這裡)。這片天空面積所占的比重在夜空中最大，這裡的星辰運動軌跡差異也最大。另一部分星在一年中的某些時候是無法被觀測到的。當然，還有一部分星因為地軸傾角而始終無法被觀測到，也就是後來所謂的「恆隱圈」，但這部分始終看不到的天空顯然不在當時古人的考慮範圍中，因為這片看不到的天空顯然是沒有「實用」價值的。於是，我們的先人就從恆顯圈入手，找尋具有觀測和實用價值的星或星群。最明顯的當然就是「北斗七星」啦！

5 · 北

古人說到的「北」，大家馬上就會聯想到呈勺狀的北斗七星(圖 1.16)。是的，北斗七星是北半球較為明亮的一組星，不僅我們的先人觀察到了這一組亮星，北半球其他中高緯度的先民也都看到了它們，譬如古希臘所劃分的大熊星座就是以北斗七星為主的星座，生活在北極圈的薩米爾人(瑞典)也有類似的北星座等等。

圖 1.16　在曠野中用一般相機拍攝到的北斗七星

為什麼北半球的先民都會不約而同地選擇北斗七星作為計時定向的工具呢？其實原因也很簡單——北斗七星是夜空中最容易被區別和觀測的一組亮星。

首先，北斗七星處於北半球天空的恆顯圈中，一年四季都能在夜空中被觀測到，觀測北斗七星可保持觀測的連續性；其次，北半球的亮星比南半球的少，而北斗七星又是北半球中少有的一組亮星，所以北斗七星是相對最容易被辨認和區分出的一組亮星。觀測者在追蹤北斗七星的運動軌跡時就不會被其他亮星干擾，對天文初學者來說「易辨認」是相當重要的一點。基於以上兩點，北斗七星就自然成為居住於北半球中高緯度各地先民的首選天然「報時器」加「定向儀」。

我們的先人在對北進行長期觀測後發現，在一日內的整個夜晚中，北斗七星圍繞著北極點作圓周運動 (圖 1.17)。而經過長期的進一步觀測後，人們發現：若選擇每天同一固定時間觀測北斗七星，那麼將其全年在此時間點上 (每天) 所處的位置進行連線，得到的依然是一個以北極為原點的圓周。因此，人們會思考：能否以每日內的一個固定或相對固定的時間點位為基準，透過觀測北斗七星的位置來確定每日處於年內的哪個具體時間節點上，從而製作一套相對圭表法而言更加簡單易懂的紀日定向方法呢？

圖 1.17　透過電腦推演的 2000 年前黃河流域的星象夜景

6 · 黃昏

在開始動手製作新的報時器後，遇上最大的難題就是：在一夜中，選擇哪個具體時間點觀測北斗七星的方位變化，由此來作為全年觀測分析的基準呢？這個問題在今天看來簡直不是問題，只要大家對個表、定個時不就解決了嗎？但遙想在四五千年前的遠古，別說鐘錶，當時連個鐘擺沙漏都沒有，甚至漏刻之類的最原始計時工具也沒有，而日晷圭表之類需要陽光照射才能報時的工具在夜晚又起不到絲毫作用。在這樣的情況下該如何確定具體的計時基準點呢？

在當時的生產力條件下（新石器時代），一天內有兩個時間節點相對其他時段最容易把握，那就是黃昏和黎明。在這兩個時間節點觀測，相對其他時段有何優勢呢？

首先，黃昏時太陽剛下山，黎明時太陽即將升起，此時天空由亮轉黑和由黑轉亮，這兩個轉換過程都是在相對較短的時間內完成的，一般都不超過三刻鐘（圖 1.18）。相對於漫漫黑夜，這兩個時間節點的時間跨度是小得多的，因此，不需占用觀測人員很多的時間，精力容易集中。進行星象觀測所得的數據的精確度也容易得到保障。

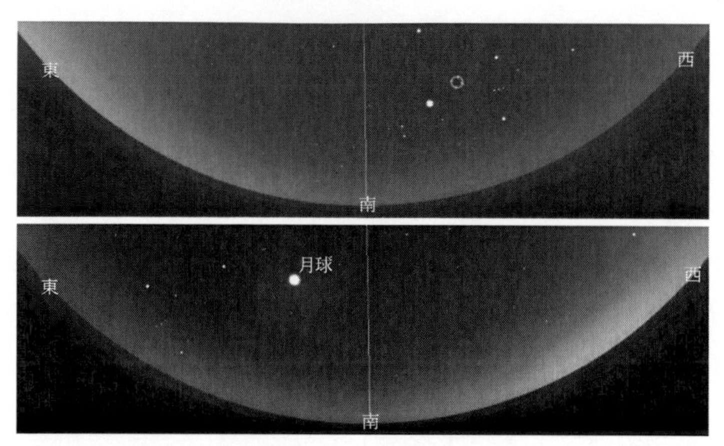

圖 1.18　黎明（上）和黃昏（下）時的天象

其次，在這兩個時間點裡觀測天象，也能與日晷計時做有效結合。因為，在黎明時，太陽剛從東方地平線露頭時，已經有一縷陽光照射到了日晷上，透過日晷已經能大概知道具體時間。而此時光線還很微弱，不足以照耀整個天空，此時西方的天空還處於夜色中，依然能在此時看到西方天空的星辰。同樣的道理也適用於黃昏，此時太陽即將西沉，西邊的最後一縷陽光還能照射到日晷上，但已經無法照耀東方天際，東方夜色已露，星辰也隨之顯現。

在確定了兩個最佳觀測時段後，又應該在兩者中選擇哪個時段作為基準觀測時間點呢？是黃昏，還是黎明？根據各種記載和文獻來看，我們的先人首先選擇了黃昏作為觀測基準時段。那麼相比於黎明，黃昏的優勢又在哪呢？

首先，人的自然作息規律是日出而作、日落而息，一般在天亮後人才會醒來，在日落後人才會休息。所以黃昏時刻，人還處於一天中的活動週期內，此時更能專注精神從事天文觀測，並且在此之前有充裕的時間做與之相關的準備工作。反觀在黎明時分進行觀測的話，人剛從睡眼惺忪的狀態中醒來，人的精神和體能狀態都遠未達到最佳狀態。若要提前做準備工作的話，更是要在黎明前的黑暗中摸索，這在缺乏人工照明的遠古可是件難度不小的工作。由此可見，兩相比較後，顯然在黃昏時刻觀測天象更有利於天文工作的展開，先祖最早定下來的天文觀測基準時間也因此被定格在黃昏時刻。

在確定了黃昏為基準觀測時刻後，再來看北斗七星在一年內的黃昏中有哪些具有典型特徵的方位變化。經過觀測發現，在冬至前後的冬季中，黃昏時刻北斗七星的斗柄指向北方；在夏至前後，黃昏時刻指向南方；在春分前後，黃昏時刻指向東方；在秋分前後，黃昏時刻指向西方（圖 1.19）。這就是戰國著作《鶡冠子》中所指的：「斗柄指東，天下皆春；斗柄指南，天下皆夏；斗柄指西，天下皆秋；斗柄指北，天下皆冬。」後來人們在此基礎上，又在四個對角線上加入了「立春、立夏、立秋、立冬」的概念，加上原有的「春分、秋分、冬至、夏至」，一年被八等分、形成了「八節」的概念。

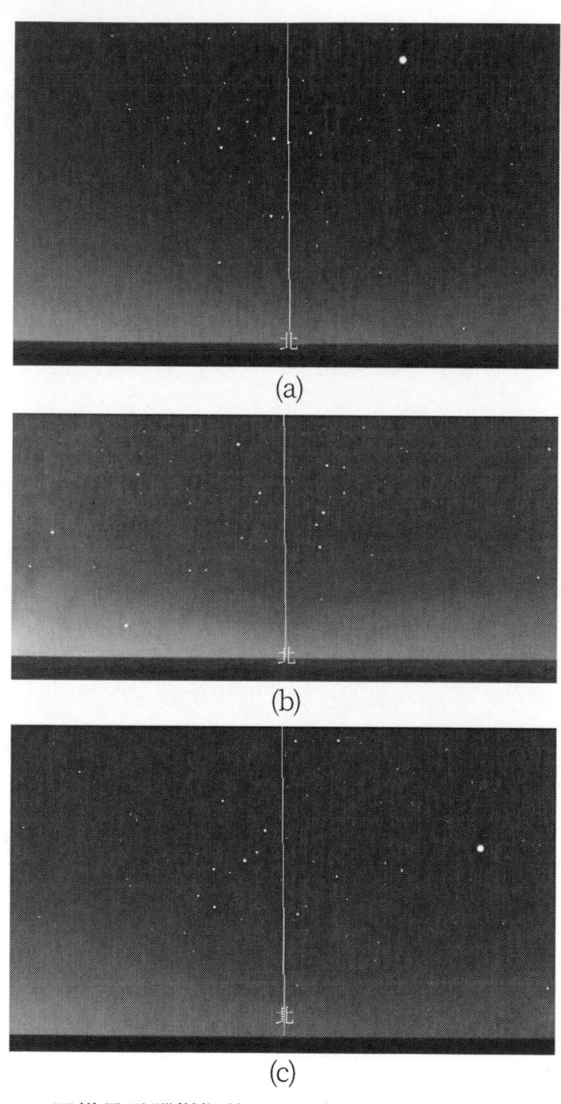

圖 1.19　同樣是電腦模擬的 3,000 年前戰國時期黃昏時刻天空中北斗七星的形態，春季指東 (a)、夏冬則指向南北 (b)、(c)

至此，人們終於製作出了另一套可用於年內紀日的報時定向系統，並且相比於圭表法，北報時系統的操作更方便。圭表法必須常年固定在某一區域，並配有專職天文觀測人員，才能有效運作；而北報時系統的要領簡單，每晚黃昏時刻仰天一望就一目瞭然，易學易操作。因此，北報時定向系統就成了當時普通大眾所熟知的計時器和定位儀，北的文化影響力也由此奠定！

1.1.3　地下和天上的關鍵點

利用天上的星星定位，我們就必須先要為星星們定位。也就是在天上人為地畫出（規定）一些點、線、面，用它們來確定天體在星空中的位置。而這些點、線、面構成的體系就是我們觀測天體所使用的天文座標系。最常用的天文座標系有地平座標系、赤道座標系和黃道座標系，其他針對特殊的需要還有諸如白道座標系（專門用來觀測月球）、銀道座標系（專門用來觀測銀河系）等。

1．地球上的點和線

無論是什麼形式的座標系，無論我們要做什麼觀測，都是要在地球上進行的，所以，我們先來了解和「規劃」地球吧。

(1) 地心地軸和地球上的經緯線

★ **地心：** 地球的中心叫做地心，也就是球體地球的球心（圖 1.20）。

★ **地軸：** 理論上來說，任意穿過地心在地球表面對稱的軸，都可以稱之為地軸。不加說明的話，一般來講地軸指的是地球的自轉軸。

★ **地極：** 地軸在地球表面對稱出現的兩點叫地極。由於地球自轉是由西向東的，所以，地極有南極和北極。地球上存在三套地極系統：通常所指的是運動的南北極（對應的是自轉軸）、地理上的南北極和幾何意義上的南北極（地球並不是標準的球體）。

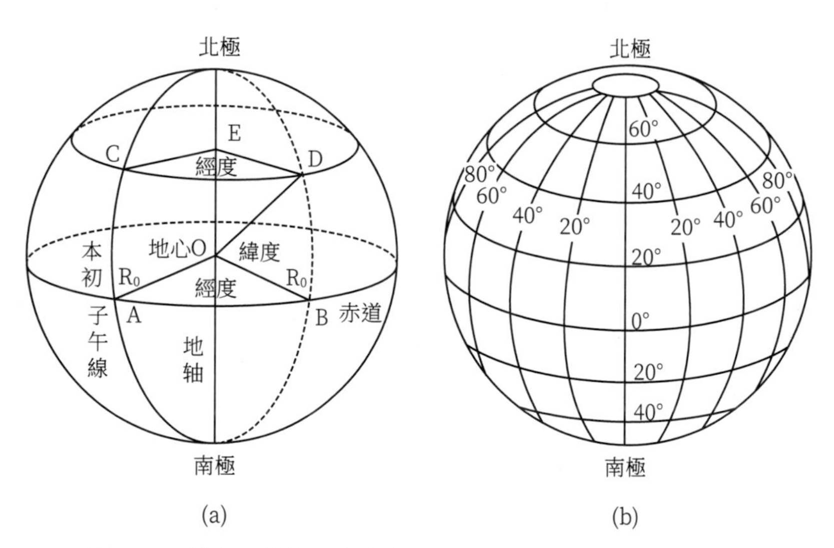

圖 1.20　地心、地軸、地球南北極

★ **經線（子午線）：** 透過地軸的平面同地球相割而成的圓（圖 1.21(b)）。經線都是大圓的一半，都在兩極相交，大小相同。

★ **緯線：** 垂直於地軸的平面同地球相割而成的圓（圖 1.21(a)）。緯線相互平行，大小不等。

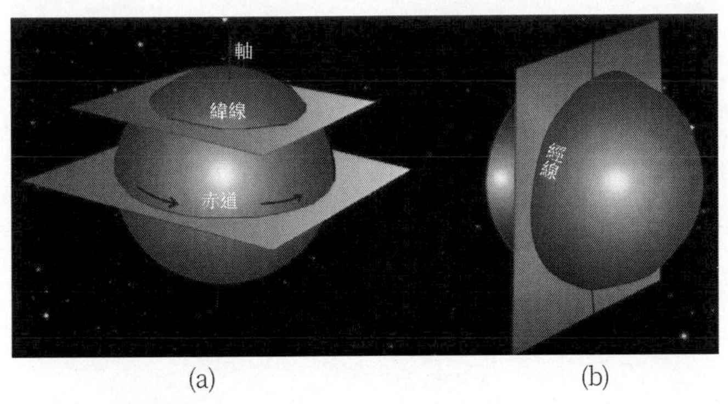

圖 1.21　經線和經線

★ **經緯網和經緯度：** 由東西走向的經線和南北走向的緯線構成的「網」，就叫經緯網。分別從零度經線和零度緯線開始度量的系統稱之為經緯度（系統），用來給出地球上某點的位置（座標）。如圖 1.22 所示。本初（起點）子午線規定為透過英國格林威治 (Greenwich) 天文臺的經線（1884 年確定），也叫 0°經線；經過赤道 (equator) 的大圓稱之為 0°緯線（圖 1.23）。

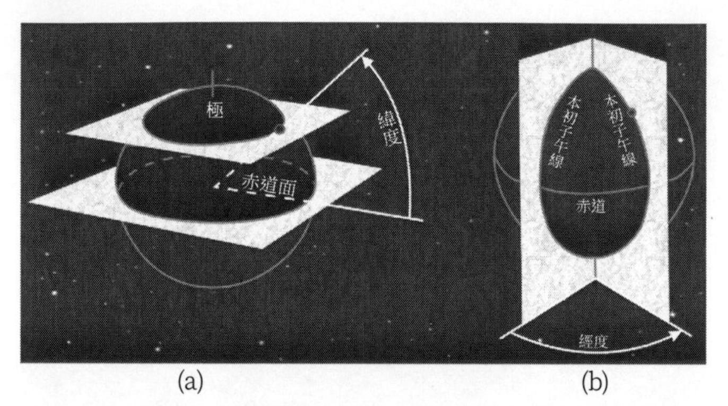

圖 1.22　經度就是某地經線到本初子午線的角度 (b)；緯度則是經過某地的緯線的那個小圓與赤道面的夾角 (a)

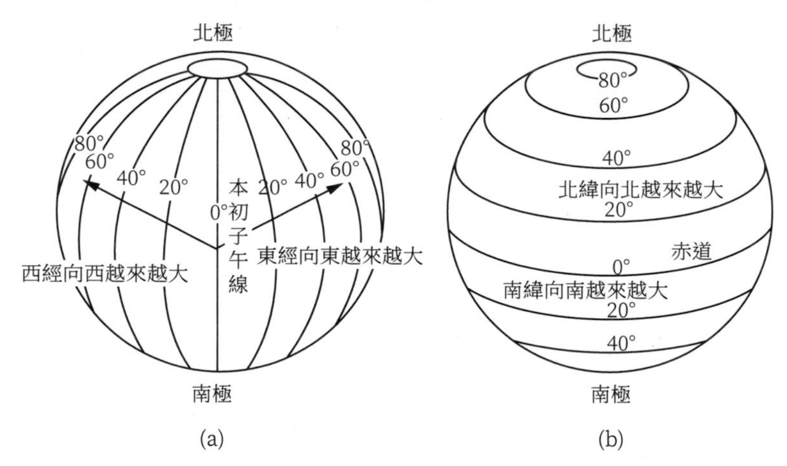

圖 1.23　經度從本初子午線開始向東、向西各 180°記數 (a)；緯度從赤道開始向北、向南各 90°記數 (b)

(2) 地理座標

某地的經度和緯度相結合，叫做該地的地理座標。地理定位就是將地理座標與地球上的點一一對應。書寫按慣例是先緯度，後經度；數字在先，符號在後。如臺北（25° 03′ N，121° 30′ E）。

地球上的方向通常是指地平方向。南北方向（經線方向），是有限方向；東西方向（緯線方向），是無限方向，理論上亦東亦西；實際上非東即西。

傳統上，東方人把正午太陽所在方向定為正南，而把日出日落的方向視為東西方向；東西方向與地球自轉有關，可以這樣判斷：右手大拇指伸出，其餘四指彎曲，大拇指指向天北極，其餘四指彎曲的方向為自西向東的方向。在用時針的方向表示地球自轉方向時，必須確認觀測者是立足於哪個半球觀測地球自轉的。

(3) 特殊的標誌

本初子午線之所以在倫敦的格林威治，是和「日不落」的大英帝國有關聯的（圖 1.24）。目前那裡更常被當作旅遊勝地。

圖 1.24　「日不落」的大英帝國和本初子午線標誌

厄瓜多爾位於南美洲西北部，赤道橫貫國境北部，厄瓜多爾就是西班牙語「赤道」的意思。厄瓜多爾一家名為「世界中心」的主題公園自稱位於赤道上，而經全球衛星定位系統（the Global Positioning System, GPS）測定，根本不是那麼回事。這家主題公園自己畫的 0° -0 ' -0 " 緯度線並不是真正的赤道（圖 1.25），而是偏北了 240 公尺。對此，公園官方解釋說，位於公園內的赤道紀念碑修建於 1936 年，那時的定位技術不像現在這麼精準。據悉，這家公園為國家所有，每年能夠吸引大約 50 萬名來自全球各地的遊客。有趣的是，前往參觀真正赤道線所在地的遊客卻少於前往主題公園的遊客人數。

圖 1.25　位於厄瓜多爾「世界中心」的主題公園內的赤道線

2．天球座標（系）

人類最早用於觀測天體的座標系是「地平座標系」，它的主要構架為地平圈、等高圈和北南東西四個標準點。地平座標系更適用於確定地理方位，隨著人們對星空觀測的需要，逐漸開始採用「赤道座標系」和更容易對黃道天體（太陽、月亮、五大行星都屬於黃道天體）的觀測而進化採用了「黃道座標系」。

(1) 天球和天體的運動

敕勒川，陰山下，天似穹廬，籠蓋四野。

天蒼蒼，野茫茫，風吹草低見牛羊。

這首古代的北朝敕勒民歌有著多麼寬廣的氣概呀！天似穹廬，我們一直就把我們頭頂的天空稱為「天穹」，把一望無際的天邊（線）稱為「地平線」（圖 1.26）。

(a)

(b)

圖 1.26　在我們頭頂上像一個「鍋蓋」一樣的「天穹」(a) 和黎明時在天際邊的「地平線」(b)

「天穹」是地上的半個（天）球，不難想像地下也應有半個（天）球，合成在一起就是一個——天球。天球就是以地心為球心，半徑為任意的假想球體（圖 1.27），是表示天體視運動的輔助工具，它是一個完整的球，是一個我們目力所及的圓球。我們設想天體都是在天球上運動的。在天文學研究中，也有地心天球和日心天球之分。

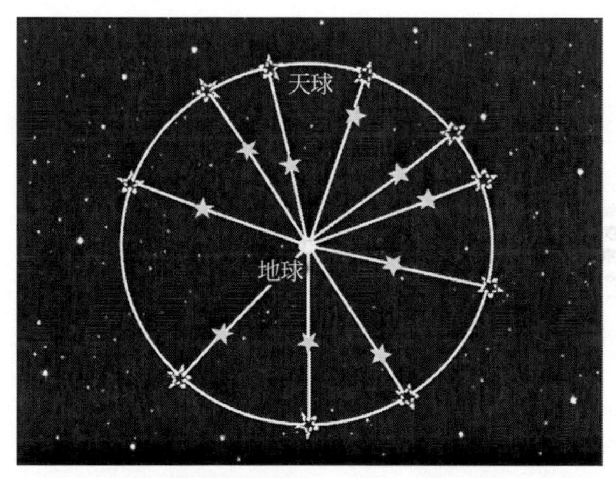

圖 1.27　天球的半徑是任意的，所有天體，不論多遠，都可以在天球上有它們的投影。這裡顯示的是地心天球，主要用來研究天體的視運動。替代地球，以太陽為中心的天球叫日心天球，主要用來進行天體運動研究的動力學計算

隨著地球一天的自轉，反映到天體就是「周日視運動」。對於地球觀測者，天球圍繞我們以與地球自轉相反的方向（向西）和相同的週期旋轉。天球上的天體則隨著地平高度的不同，它們周日「視」運動行經的路線，越近天極的天體周日圈越小，反之亦然（圖 1.28）。

圖 1.28　天體週日視運動的軌跡，天文學稱之為「拉線」

天體除去「周日視運動」，還參與「週年運動」。比如太陽的週年運動（圖 1.29）方向是自西向東，與地球公轉方向相同。太陽「週年視運動」的視行路線被稱為黃道。天體的「週年運動」還會產生星空的季節變化（圖 1.30）。

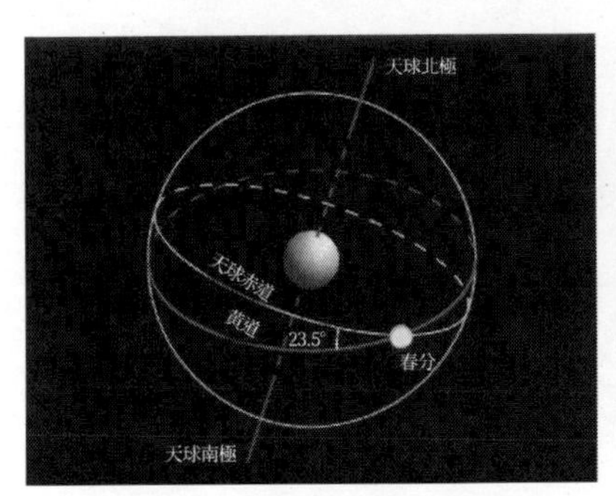

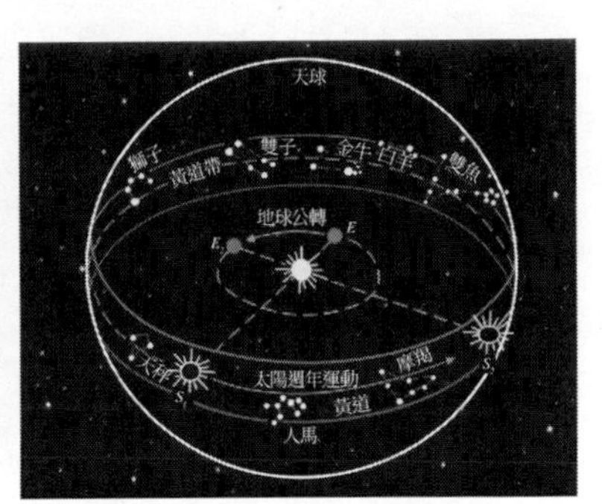

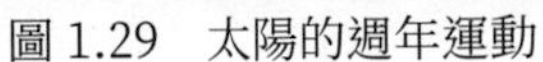
圖 1.29　太陽的週年運動

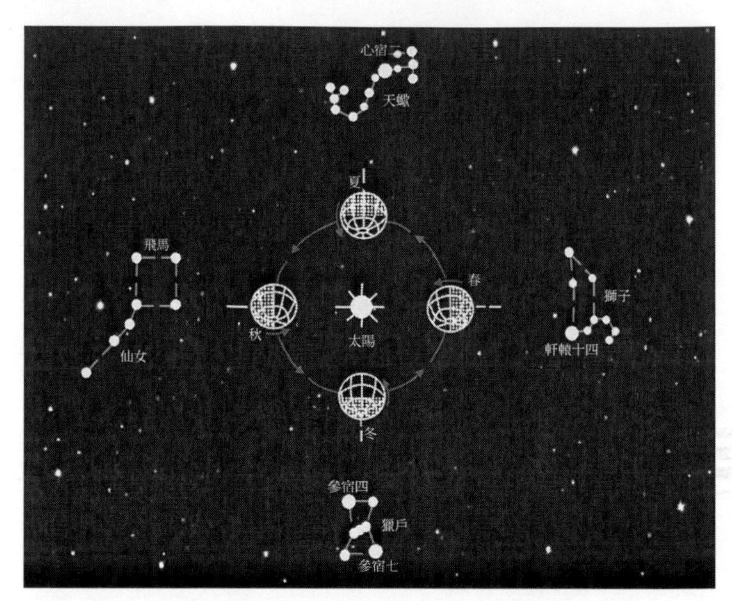

圖 1.30　由於地球繞太陽公轉造成的太陽週年視運動而產生的四季星空更替的現象（圖中對應的是觀察者當地時間晚上 8 時左右的星空），這一現象也可以由地球的自轉產生，只不過地球自轉的 24 小時中，有 12 個小時星空被太陽的光芒所覆蓋了

太陽同時參與兩種相反的運動。由於地球自轉而隨同整個天球的運動，方向向西，轉一周為一日；由於地球公轉而相對於恆星的運動，方向向東，巡天一周為一年；因此，由於參與週年運動，太陽的周日運動是落後於永遠不動的恆星的。

(2) 天球上的圓和點

根據天文座標系的需要，我們在天球上設置了一些基本的圈和點（圖 1.31）。

★ **三個基本大圓：**地平圈、天赤道、黃道。

★ **三對基本（極）點：**地平圈兩極——天頂和天底；天赤道的兩極——天北極和天南極；黃道的兩極——黃北極和黃南極。

★ **各大圓所產生的（重要）交點：**天赤道交地平圈——東點和西點；黃道交天赤道——春分點和秋分點。

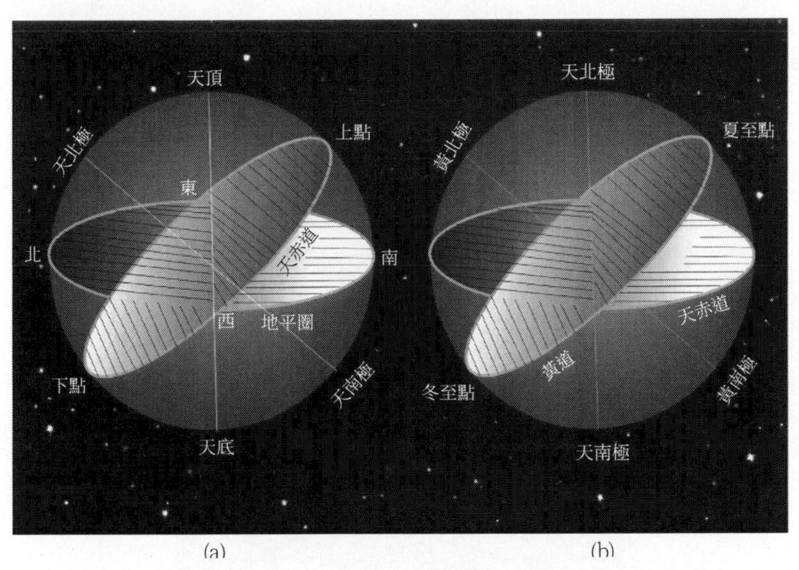

圖 1.31　天球上根據天文座標系的需要而設置的基本圈和基本點。(a) 地平圈與天赤道的交點（東、西）和遠距點（南、北、上點、下點）；(b) 黃道與天赤道的交點（春分秋分）和遠距點（夏至冬至點和黃道起始點）

天球上的方向是地球上方向的延伸。東西方向是這樣規定的：俯視天北極，逆時針方向為東，上北下南。天球上只有角距離（圖 1.32）。

(3) 天球座標系

天球是一個球形，所以天文座標系都屬於球座標系。球座標系的一般模式是以基圈、始圈和終圈構成一球面三角形。縱座標即緯度；橫座標即經度 (圖 1.33)。

天球座標系一般分為兩大類，右旋座標系：與天球周日運動 (地球自轉) 連繫，向西；左旋座標系：與太陽週年運動 (地球公轉) 連繫，向東。

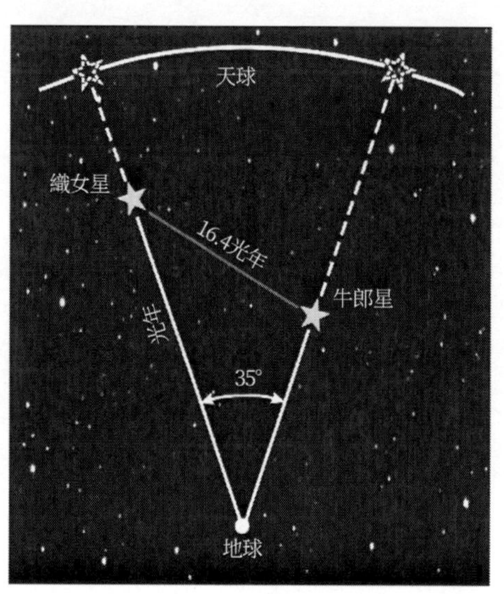

圖 1.32　最著名的「鵲橋會」，兩個主角牛郎織女的實際距離是 16.4 光年，而我們在天球上看去，它們的角距離是 35°

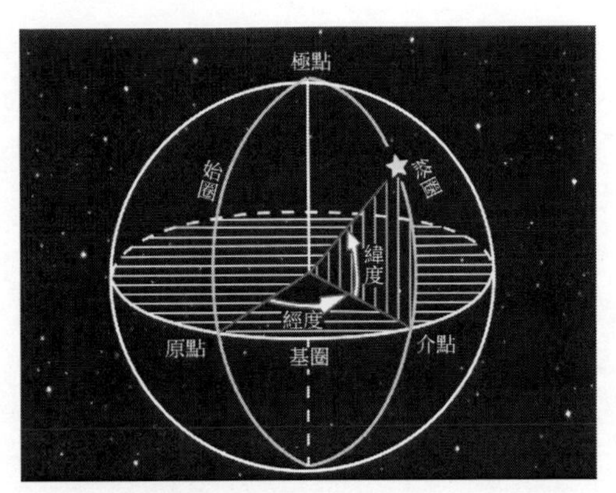

圖 1.33　球座標系的基本構成

① 地平座標系（圖 1.34）

- ★ **用途：**表示天體在天空中的高度和方位；
- ★ **基本圈：**地平圈、子午圈、卯酉圈；
- ★ **基本要素：**原點——南點、始圈——午圈、緯度——高度（0°～ 90°，從地平圈向天頂度量）、經度——方位（0°～360°，自南點向西沿地平圈度量）。

② 赤道座標系（圖 1.35）

- ★ **用途：**表示天體在天球上的位置；
- ★ **基本圈：**天赤道、二分圈和二至圈；
- ★ **基本要素：**基圈——天赤道、原點——春分點、始圈——春分圈、緯度——赤緯（自赤道面向北向南 0 ～ ±90°度量）、經度——赤經（自春分點沿天赤道 0 ～ 360°向東度量）。

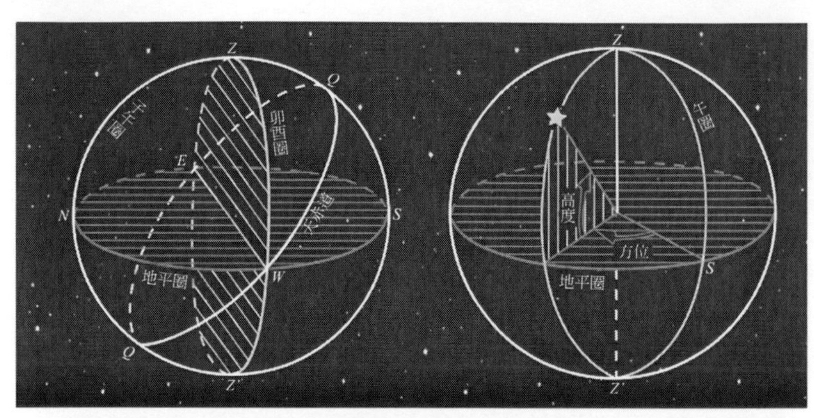

圖 1.34　地平座標系的基本要素

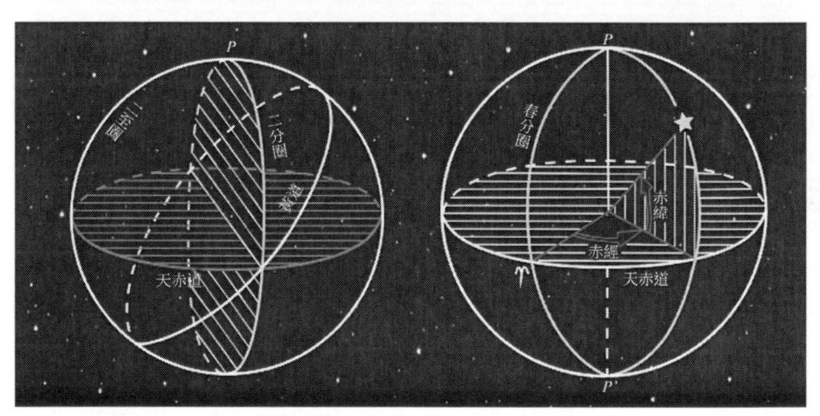

圖 1.35　赤道座標系的基本要素

③ 黃道座標系（圖 1.36）

★ **用途：**表示日月行星等黃道天體的位置及其運動；

★ **基本圈：**黃道、無名圈（透過春分點的黃經圈）和二至圈；

★ **基本要素：**基圈——黃道、原點——春分點、始圈——

無名圈、緯度——黃緯（自黃道面向北向南 0 ～ ±90°度量）、經度——黃經，自春分點沿黃道向東度量（為使太陽的黃經「與日俱增」）。

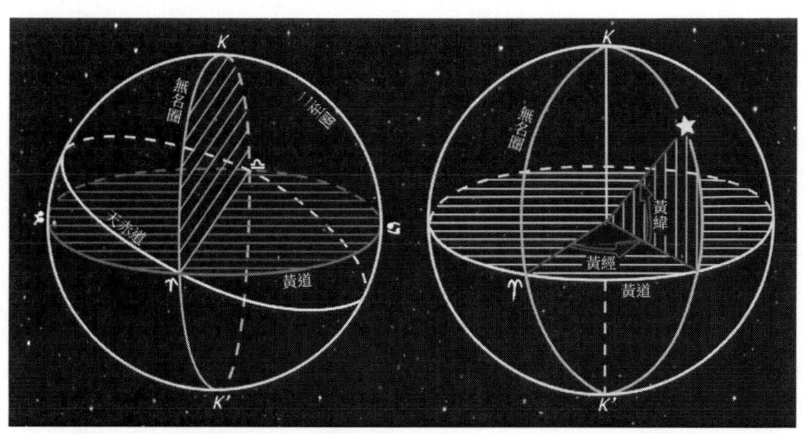

圖 1.36　黃道座標系的基本要素

1.2　認識星空的各種辦法

這個世界如果只有往地上看的人，卻沒有往天上看的人的話，那這肯定是一個陰慘的社會。已經搞不清這段話是哪個「名人」說的啦。也可能他只是在談哲學或在熬「雞湯」，不管怎樣，抬頭看看天，日間的藍天白雲，夜晚的滿天星辰，起碼可以讓人放鬆一下吧！

你可能會問：看星星，那要懂得天文學吧……很多人覺得，欣賞星空、掌握一定的天文知識是一件很難的事。不要存在這種想法，並不是讓你真正地去研究天文，而是業餘的學習，記住一句話：業餘天文學永遠應該是平靜的、充滿樂趣的。事實上，只要你有意願，只要你有一個正確、良好的開端，欣賞星空就一定會成為你一生的愛好。因為觀察星空，能體會到宇宙的博大，使你心胸開闊；辨認星座、恆星以及其他天體，了解有關它們的知識是一種極富樂趣的挑戰。當你沉浸在星光中時，你的身心都會得到充分而積極的放鬆。好吧，讓我們先嘗試著去做一名「天文愛好者」吧！

1.2.1 先成為天文愛好者

成為天文愛好者，如何起步呢？天文學是一個富含知識的興趣愛好。它的樂趣來自於勤於思考之後的發現和獲得有關神祕夜空的知識。但是，除非你周圍有一個活躍的天文俱樂部或天文愛好者協會（實際上，幾乎每個城市、每個高中甚至國中都有的），否則你不得不靠自己去發現新事物、獲取新知識。換句話說，你必須靠自學。

1．先去欣賞

去買一本有關星座故事及介紹星空隨時間變化知識的書，那裡面肯定有星圖或者類似認星空用的簡易星盤。然後按照書上的指引和星盤的使用說明，在晴朗的夜晚對照星空辨認星座。你會驚喜地發現，只要幾個晚上，那些向你眨眼的星星，再也不是雜亂無章的了。你會輕鬆地指出：「那是獅子座，那是北極星。」

2．不急於買望遠鏡

許多人認為只有用望遠鏡才能領略星空的美麗，才能成為天文愛好者。這是錯誤的想法。實際上如果你不熟悉星空，不認識任何星座及亮星，即使你擁有一架望遠鏡，你也不知道要指向哪裡！還是先買一些供學習用的書籍和星圖，然後不斷地觀察星空，最後達到熟悉夜幕上肉眼可見的每一個天體的情況，充分體會觀星的快樂。

3．先買雙筒望遠鏡

對於剛剛跨入天文愛好之門的人來說，雙筒望遠鏡是應該擁有的最理想的「第一架望遠鏡」。這是因為：首先，雙筒望遠鏡有較大的視野，很容易尋找到目標；另外雙筒望遠鏡所成的像是正像，很容易辨認出視野中出現的景像在夜空中的什麼位置。一般的天文望遠鏡所成的像往往是倒像，有的上下顛倒，有的上下左右全顛倒。還有，雙筒望遠鏡相當便宜，除觀星之外還可有許多其他用途，如看演出及體育比賽，觀遠處風景或天空中的飛鳥等，並且輕便、易攜帶。最重要的，雙筒望遠鏡表現十分出色，一般 7～10 倍的雙筒望遠鏡提高肉眼觀測能力的程度，相當於普通愛好者用天文望遠鏡能力的 1/2，而其價格只有普通天文望遠鏡的 1/4。這表示雙筒望遠鏡的 CP 值很高。

對於天文觀測，望遠鏡主鏡越大越好，但有優越的光學品質也是十分重要的，許多雙筒望遠鏡的光學品質都很好，完全能達到觀星要求。

4．如何用雙筒望遠鏡欣賞星空？

一旦擁有了自己的雙筒望遠鏡，如何使用呢？你可以對著明月看環形山，可以在銀河系暢遊，而後再看些什麼呢？如果你熟悉星座，有一本詳細的星圖，那麼用雙筒望遠鏡的觀星計畫可以將你一生的時間全部排滿！值得你去看的有：

(1) 110 個梅西耶天體。它們是漂亮的星雲、星團和星系。是 18 世紀後期法國天文學家梅西耶（Charles Messier）編寫的《星雲星團總表》中的天體。
(2) 不斷變化位置的木星的四顆衛星。堅持觀測一段時間，你就會發現那是一個衛星繞著木星旋轉的「小太陽系」。
(3) 金星的盈缺變化（圖 1.37）。金星是「地內行星」，而且離地球也足夠近，在雙筒望遠鏡裡你就能欣賞到它會像月亮一樣改變形狀。

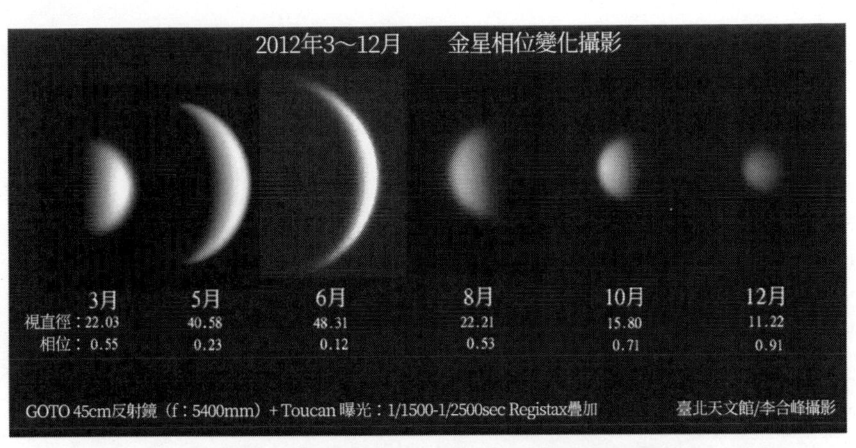

圖 1.37 這是某個天文愛好者拍攝的「金星相位變化影像」

(4) 月球上的月陸、月海及環形山（圖 1.38）。月球上直徑大於1公里的環形山總數有3萬多個，占月球表面積的7%～10%。環形山大多以著名天文學家或其他學者的名字命名，月球背面有 4 座環形山，分別以古代天文學家石申、張衡、祖沖之、郭守敬的名字命名。對照「月面圖」去找到它們。

(5) 流星和流星雨。用肉眼就可以欣賞流星和流星雨的美麗，但使用望遠鏡可以觀察流星雨的「輻射點」。

(6) 彗星。天文愛好者觀測彗星通常都是要從它還沒有「拉出尾巴」時，就開始追蹤觀測。

(7) 火星、土星、天王星。你會發現望遠鏡裡的「它們」，改變了「模樣」。

圖 1.38　月球上的月陸、月海及環形山

(8) 追蹤變星的光度變化。這是很多天文愛好者最喜聞樂見的一件事，而且，它還能讓你產生堅持天文觀測的興趣。想想看，幾天甚至幾小時前還是很暗的星星，突然間變亮了……一個時間週期之後，它的亮度又變回去了，你會很有成就感的。

一本好的星圖能描繪出隱藏在星空暗處的祕密，一些描述如何用雙筒望遠鏡觀測星空以及可觀測到天體的知識的書，都是充分利用雙筒望遠鏡欣賞夜空必不可少的幫手。不過，雙筒望遠鏡最大的缺點是不穩定。只要你想辦法將其固定在支架上，如相機腳架上，則可解決此問題。

5．結交有共同愛好的朋友

自己觀測星空會充滿樂趣，與有共同愛好的朋友一同觀賞星空，交流感想及經驗，則更是樂趣無窮！

欣賞星空要求你要有毅力與耐心，需要開朗與樂觀

當你正欣賞星空時，一片烏雲飄來，此時你毫無辦法；對於極深遠闇弱的天體，你無法讓它們近一些、亮一些以便更清楚地觀看；對於長時間期待且做了各種觀測準備的天文事件，真正發生時，持續的時間極其短暫，如日全食，更糟糕的是在這極短的時間裡，一片雲遮擋了你的視線。所有這些都需要你具有足夠的耐心，宇宙不會因任何人的意志而改變。作為我們人類，只能憑毅力與耐心，去欣賞它的和諧與美麗。

另外，觀測時最好要帶觀測筆記，觀測後要寫觀測報告，讓我們學會做事情「有始有終」，不斷累積資料會讓你的觀測能力提升得更快！

愛好天文、喜愛星空是一件令人快樂的事情。如果你雖十分努力，但還是沒有達到預期目的，如你計劃要用望遠鏡觀察天王星，結果花去幾個小時也沒能成功。這時的你應深吸一口氣，然後對自己說，雖然如此，你也不抱怨，因為你為尋找天王星所做的一切努力都讓你覺得十分有趣！

記住：愛好天文，一定要樂觀、開朗！

1.2.2 做好準備

星空觀測畢竟是要在夜間進行，所以提前做好準備是十分必要的。這裡主要針對目視觀測愛好者，如果你能進展到利用望遠鏡觀測，那基本上在這裡列出的情況之外，再注意望遠鏡即可。觀測前準備包括：

(1) 看天氣預報；
(2) 留意空氣品質報告；
(3) 避開月光；
(4) 從目視觀測起步；
(5) 選擇空曠、無（少）遮擋、無（少）燈光的觀測地點；
(6) 準備好星圖（紙本的或電子的）。

說得詳細一些就是：

(1) 觀星前要注意天氣，這個重要性不言而喻。天晴是基本的要求，當然有幾朵零星的雲倒也沒多大關係。還有一句和星空不太相關的，就是注意天氣變化（預報），防寒保暖、防風。
(2) 有關空氣品質，建議觀星前查查實時的空氣品質指標。如果有「霧霾」之類的情況存在，雖然天空中沒有雲，但觀測感受會很不好，天空像是蒙了一層灰，星光黯淡。
(3) 還有一個是月光的影響。還記得「月朗星稀」吧？以前有些科普書會提議大家利用「月明星稀」的環境去看星星。

怎麼現在的觀點會「相反」了？這取決於兩點，第一，對初學者來說，能認識幾顆亮星就很不錯了，那還是選擇「月明星稀」；第二，現在的天空環境，即便是沒有月亮、「霧霾」的影響，環境造成的背景光已經很強了，再把「月明星稀」疊加上去，那就只能賞月了。

而且，月亮作為天空中亮度僅次於太陽的天體，其實還是挺有殺傷力的。想看到更多的星星，就要盡可能避開月亮，所以觀測前看看農曆，避開十五以及前後幾天，這幾個日子月亮幾乎整晚都掛在天空。當然了，如果目的是觀測月亮那又另當別論。

(1) 對於初學者，眼睛就是最好的觀測儀器。這樣說吧，初學者的重點是認星，而不是觀測。你先適應了星空，再帶上你的儀器。
(2) 選一個空曠、無遮擋、無燈光的環境就可以了，目前這樣的場合越來越少了，學校裡的操場應該是一個不錯的選擇。如果選擇遠離城市的郊外，建議你一定要事先「踩點」。
(3) 記得準備好星圖。不只是初學者，即便是有一定觀星經驗的天文愛好者，有時候也要拿出星圖確認自己的結論是否正確。過去有專門針對入門天文愛好者設計的紙本星圖，現在的話只需要用手機下載星圖軟體即可。

手機有陀螺儀的，拿起手機，打開星圖軟體，設置好當前的經緯度座標以及日期時間，然後就可以辨認星星啦！

沒有陀螺儀會麻煩一點，需要自行確定方位，其實就是找北，這個可以透過自身地點結合當地的地圖確定。找到北以後，拿起手機，打開星圖軟體，設置好當前的經緯度座標以及日期時間，將星圖中的方位與實際方位一一對應即可。

沒手機星圖，也沒有紙本星圖時該怎麼辦？那麼你可以找一位「高手」指引你，他就是「活」的星圖。

做好這些準備工作了，還有幾句話要說。就是我們看什麼，或者說認星星，從哪裡找起。如果你沒有特殊的觀測使命，就從那些易於辨別有觀賞價值的星座或天象開始。什麼叫「易於辨別」「有觀賞價值」？這個因地因人而異。我們這裡介紹一些著名星群：

- ★ 春季大曲線（含春季大三角）：北斗七星、大角星（牧夫座 α）、角宿一（室女座 α）和獅子座的五帝座一以及軒轅十四；
- ★ 夏季大三角：牛郎星（天鷹座 α）、織女星（天琴座 α）和天津四（天鵝座 α）；
- ★ 秋季四邊形：飛馬座的 α、β、γ 星以及和仙女座 α 星；這個對於初學者來說，應該主要是欣賞它的形狀連帶判斷方向；
- ★ 冬季六邊形（冬季大三角）：天狼星（大犬座 α）、參宿七（獵戶座 α）、畢宿五（金牛座 α）、五車二（御夫座 α）、北河三（雙子座β）以及南河三（小犬座α）；

- ★ 北斗七星：大熊星座的臀部和尾巴；
- ★ 南斗六星：這個對於初學者來說有點難找到，位於銀河系中心處的人馬座，是中國的斗宿（斗宿一、斗宿二、斗宿三、斗宿四、斗宿五、斗宿六）。
- ★「有觀賞價值」的星座：怎麼理解所謂的「有觀賞價值」？其實就是「看上去就真是那樣子」的星座，就是形象與名字相符。如獅子座、天蠍座、獵戶座、雙子座。
- ★「易於辨別」的星座：小熊座（小北）、仙后座（呈W/M形）對照著星圖，很快就能把上述所說的星座 / 星群找到。

我們在後面的內容裡會為大家仔細介紹如何觀星、認星的。

1.2.3 星座、星等、星空

認識天上的星星，如果告訴你這都是天文愛好者做的事情，真正的天文學家並不認識幾顆星星，那你會相當錯愕！那他們怎麼進行觀測呀？有星圖、星表呀！比如觀測一般的天體，我們只需知道它的具體座標（一般是赤經赤緯、黃道天體用黃經黃緯），然後操縱望遠鏡的動力系統，讓望遠鏡「指向」那個天體就可以了。所以說，我們這裡要談的星座、星等、星圖等，更多的是用來為天文愛好者認識星空而準備的。

1·星座

星座就是對星空的劃分，就像地圖一樣。規定了一定的區域，你就能很方便地找到你想去的地方。而在天上，自然就是為了方便我們找到想看的星星。幾乎世界上的各個國家的所有民族，都有對天觀測、定位的歷史和紀錄。但是，系統性的、能夠完整繼承保留下來的，就是東方的三垣四象二十八星宿和西方國家的 88 星座體系。

可以大致先把整個可見恆星天空分成兩個大星區：北極星附近的星區和天球赤道與黃道經過的星區。中國古代的三垣主要是在北極星附近的星區，也就是「恆顯圈」裡面：紫微垣、太微垣和天市垣。三垣代表三座城堡、三大職責區域劃分。比如，紫微垣是皇家的居住地、太微垣代表政府機關所在，而天市垣就是天上的貿易場所。我們會在後面的內容中詳細介紹的。二十八星宿則分布在「圍繞」北極星一週的黃道帶上（最早選擇的是赤道帶恆星，後來為了確定季節、編纂年曆的需求而選擇了黃道帶恆星）。

二十八星宿就是沿黃道和赤道將天區分為大小不等的 28 個小區（圖 1.39）。宿就是居住地的意思。月亮在繞地球運動過程中，每日從西往東經過一宿。結合東西南北方位，人們又把相連的七宿合稱一象，共四象。每象用有代表性的動物名稱命名。它們是蒼龍：角、亢、氐、房、心、尾、箕七宿；玄武（龜和蛇）：斗、牛、女、虛、危、室、壁七宿；白虎：奎、婁、胃、昴、畢、觜、參七宿；朱雀：井、鬼、柳、星、張、翼、軫七宿。二十八星宿是從角宿至亢宿開始，這和日月五星從西往東運動的方向是一致的。可見，古人對恆星與日月五星的相對位置變化的認知是頗為充分的。

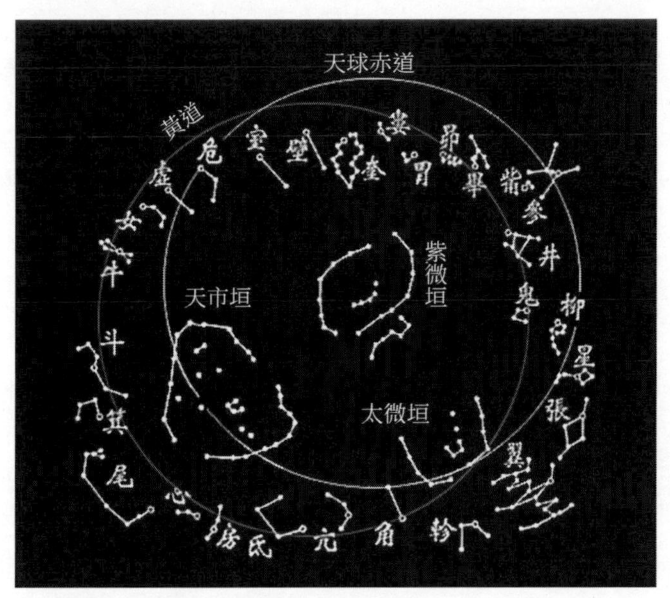

圖 1.39　三垣和二十八星宿

西方國家最早的星座劃分是兩河流域的「黃道十二星座」，後到托勒密（Ptolemy）的 48 個星座。後人不斷地增加、改進，到 1928 年，國際天文學聯合會決定，將全天劃分成 88 個星區，稱之為星座。在這 88 個星座中，沿黃道天區有 12 個星座。它們是雙魚座、白羊座、金牛座、雙子座、巨蟹座、獅子座、室女座、天秤座、天蠍座、人馬座、摩羯座、寶瓶座。除此之外，北半天球有 29 個星座。它們是小熊座、大熊座、天龍座、天琴座、天鷹座、天鵝座、武仙座、海豚座、天箭座、小馬座、狐狸座、飛馬座、蠍虎座、北冕座、巨蛇座、小獅座、獵犬座、后髮座、牧夫座、天貓座、御夫座、小犬座、三角座、仙王座、仙后座、仙女座、英仙座、獵戶座、鹿豹座。南半天球有 47 個星座。它們是唧筒座、天燕座、天壇座、雕具座、大犬座、船底座、半人馬座、鯨魚座、蝘蜓座、圓規座、天鴿座、南冕座、烏鴉座、巨爵座、南十字座、劍魚座、波江座、天爐座、天鶴座、時鐘座、長蛇座、水蛇座、印第安座、天兔座、豺狼座、山案座、顯微鏡座、麒麟座、蒼蠅座、矩尺座、南極座、蛇夫座、孔雀座、鳳凰座、繪架座、南魚座、船尾座、羅盤座、網罟座、玉夫座、盾牌座、六分儀座、望遠鏡座、南三角座、杜鵑座、船帆座、飛魚座。

這 88 個星座大小不一，形態各異，範圍最大的是長蛇座。它東西跨過 102°，真是名副其實的「長蛇陣」。不過這個星區沒什麼特別亮的恆星，不怎麼引人注意。88 個星座中有 45 個星座是用動物名稱命名，有飛禽、猛獸、昆蟲和水中動物。還有傳說中的怪獸，如人馬座、摩羯座和麒麟座等。

2．星等

面對滿天繁星，對初學認星的人來說，最大的感受是星星明暗差異甚大。

天文學家們把恆星的亮暗分成許多等級，這種等級的名稱叫星等。星等是表示天體相對亮度的數值。星星越亮，星等數值越小；星星越暗，星等數值越大。我們知道，看起來光的明暗，一方面與光源的發光強度有關，另一方面和光源與觀測者的距離有關。因此，我們憑視覺表示的星等叫視星等，它反映的是天體的視亮度。

早在西元前 2 世紀，古希臘的天文學家喜帕恰斯（Hipparchus）給出了一份標有 1,000 多顆恆星精確位置和亮度的恆星星圖。為了清楚地反映出恆星的亮度，喜帕恰斯將恆星亮暗分成等級。他把看起來最亮的 20 顆恆星作為一等星，把眼睛看到最闇弱的恆星作為六等星，在這中間又分二等星、三等星、四等星和五等星。

喜帕恰斯在 2,100 多年前奠定了「星等」概念的基礎，他規定天上最亮的織女星（他當時認為織女星最亮）為零等星，肉眼剛剛能看見的星星為六等星。一直沿用到今天。當然，這裡說的是「（目）視星等」，也就是我們人類用肉眼看到的星星的亮度。與恆星的發光強度（發光能力）相對應的叫做「絕對星等」，是「想像」把所有恆星都放到離我們相同的距離上，就是考慮把恆星都放到十個秒差距也就是 32.6 光年的距離處得到的亮度。

到了 19 世紀中葉，由於光度計在天體光度測量中的應用，發現從一等星到六等星之間差五個星等，亮度相差約 100 倍。也就是說，一等星比六等星亮約 100 倍。一等星比二等星亮約 2.512 倍，二等星比三等星亮 2.512 倍，以此類推。把比一等星還亮的定為零等星，比零等星還亮的定為 -1 等星，以此類推。同時，星等也用小數表示。這樣，比星星要亮很多的太陽、月亮等就需要用負數來表示。比如，太陽的亮度為 -26.7 等星，滿月為 -12.7 等星，金星最亮時為 -4.2 等星，全天最亮的恆星——天狼星為 -1.46 等星，老人星為 -0.72 等星，織女星實際為 0.03 等星，牛郎星為 0.77 等星。

在晴朗而又沒有月亮的夜晚，出現在我們面前的恆星天空中，眼睛能直接看到的恆星約 3,000 顆，整個天球能被眼睛直接看到的恆星約有 6,000 顆（亮於 6 等星）。當然，透過天文望遠鏡就會看到更多的恆星。中國目前最大的光學望遠鏡，物鏡直徑 2.16 公尺，裝上特殊接收器，可以觀測到 25 等星。美國 1990 年 4 月 24 日發射的繞地運行的哈伯太空望遠鏡，可以觀測到 28 等星。

星等又分為目視星等、絕對星等、攝影星等、光電星等。

3·恆星的名稱

「人」是總體概念，「恆星」也是總體概念。具體的人要有名字，具體的物也要有名字。天上的恆星也都有名稱嗎？毋庸置疑，每顆恆星也有名字。這樣，我們就可以更具體、方便地觀測分析和研究它們。當然，所謂名稱，正如你我的名字一樣，僅起代號的作用罷了。

天文學家對燦爛的恆星天空「管理」有序，在恆星戶口的檔案中，第一項欄目就是恆星的名字。

中國古代早就給明亮的恆星起了專門的名字。這些恆星名字可以歸納為幾種類型：根據恆星所在的天區命名，如北河二、北河三、南河三、天津四、五車二和南門二等；根據神話故事的情節來命名，如牛郎星、織女星、北落師門、天狼星和老人星等；根據中國二十八星宿命名，如角宿一、心宿二、婁宿三、參宿四和畢宿五等;根據恆星的顏色命名，如大火星（即心宿二）；還有根據古代的帝王將相官名來命名等。

上述恆星都是比較引人注目的亮星，它們是恆星中的「大人物」。然而它們在恆星中僅是極少數。除此之外，闇弱的恆星是多數，這些是「小人物」。這些「小人物」基本上都是按照二十八宿的分區而命名的。比如，構成南斗的六顆星就叫：斗宿一、二、三、四、五、六。

西方國家對星星的命名，更多的是重視那些亮星。1603

年，德國業餘天文學家拜耳（Johann Bayer）注意到前人對恆星命名的「偏見」。他給出了這樣的建議：每個星座中的恆星從亮到暗順序排列，以該星座名稱加一個希臘字母順序表示。如獵戶座 α（中名參宿四）、獵戶座 β（中名參宿七）、獵戶座 γ（中名參宿五）、獵戶座 δ（中名參宿三）……如果某一星座的恆星超過了 24 個希臘字母，就用星座名稱後加阿拉伯數字。如天鵝座 61 星、天兔座 17 星等。

4．天空的亮度

什麼叫「天空的亮度」？觀測星空，不是應該越黑越好嗎？是的，很久以前這不是問題，隨著人類生活的「都市化」，要想見到真正黑暗得適合天文觀測的天空，是越來越難找了。為了能夠更好地觀測，以及更好地評價自己的觀測成效，這裡介紹一種「黑暗天空分級法」。

你的夜空有多黑？對這一問題的精確回答有助於對觀測場地進行評估、比較。更重要的是，它有助於確定在這個觀測地，你的眼睛、望遠鏡或者照相機是否能達到它的理論極限。而且，當你記錄某些天體的細節時，例如，一條極長的彗尾、一片闇弱的極光或者星系中難以察覺的其他景象，你需要精確的標準評定天空的狀況。

許多人聲稱在「很暗」的觀測地進行觀測，但從他們的描述中可以發現，他們所描述的天空僅只能算是一般的「暗」而已，或者只能是相對地來說「暗」。現今大多數的觀測者已經無法在合理的車程內找到一個真正黑暗的觀測地。因此，一旦能找到一個用肉眼就能看到 6.0 ～ 6.3 等恆星的郊區，就認為已找到一個觀測的極樂世界了！

天文愛好者通常使用肉眼所能見的最暗恆星的星等來評定天空。然而，肉眼極限星等是一個比較粗糙的標準。它過於依賴個人的視覺能力，以及觀測時間和對觀測闇弱天體的能力。一個人眼中「5.5 等的天空」在另一個人眼中可能是「6.3 等的天空」。此外，深空天體觀測者需要對恆星和非恆星天體的能見度進行評價。光害會對瀰散天體的觀測造成影響，例如彗星、星雲和遙遠的星系。為了幫助觀測者評定一個觀測地的黑暗程度，天文學中有一套含有 9 個等級的「黑暗天空評價系統」。三角座中的三角星系（M33）是重要的黑暗天空「指示器」。一個已完全適應黑暗天空的觀測者可以在 4 級以上的天空中用肉眼看到它（圖 1.40）。

第 1 級：完全黑暗的天空。黃道光（圖 1.41）、黃道帶都能看到。黃道光達到醒目的程度，而且黃道帶延伸到整個天空。甚至僅使用肉眼，三角座中的三角星系（M33）也是一個極為清晰的天體。天蠍座和人馬座中的銀河區域可以在地面上投下淡淡的影子。天空中的木星或金星甚至會影響肉眼對黑暗的適應程度。氣輝（一種一般出現在地平線上 15°的天然輝光）也穩定可見。如果你在由樹木圍繞的草地上觀測，那你幾乎無法看到你的望遠鏡、同伴和你的汽車。這裡是觀測者的天堂。

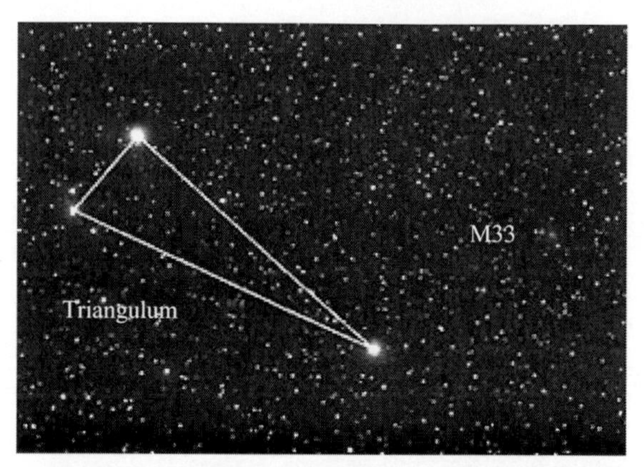

圖 1.40　作為一個「黑暗天空評價系統」的參考象徵，你可以在真正開始觀測之前，先找到 M33，利用它來評定你的天空

圖 1.41　黃道光是一些不斷環繞太陽的塵埃微粒反射太陽的光而成。黃道光因行星際塵埃對太陽光的散射而在黃道面上形成的銀白色光錐，一般呈三角形，大致與黃道面對稱並朝太陽方向增強。總體來講黃道光很微弱，除在春季黃昏後或秋季黎明前在觀測條件較理想情況下才勉強可見外，一般不易見到

第 2 級：典型的真正黑暗觀測地。沿著地平線氣輝微弱可見。M33 可以被很容易地看到。夏季銀河具有豐富的細節，在普通的雙筒望遠鏡中其最亮的部分看起來就像有著紋路的大理石。在黎明前或黃昏後的黃道光仍很明亮，可以投下闇弱的影子，與藍白色的銀河比較它呈現很明顯的黃色。任何在天空中出現的雲就好像是星空中的一個空洞。除非在星空的照耀下，你僅能模糊看到你的望遠鏡和周圍的事物。梅西耶天體中許多球狀星團都是用肉眼就能直接看到的目標。經過適應和努力，肉眼的極限星等可達到 7.1 ～ 7.5 等。

第 3 級：鄉村的星空 (圖 1.42)。在地平線方向有一些光害的跡象。雲在地平線處會被微微地照亮，但在頭頂方向則是暗的。銀河仍然富有結構，M4、M5、M15 和 M22 等球狀星團仍是肉眼明顯可見的目標。M33 也很容易被看到。黃道光在春季和秋季很明顯，但它的顏色已難以辨別。距離你 6 ～ 9 公尺的望遠鏡已變得模糊。肉眼的極限星等可達到 6.6 ～ 7.0 等。

第 4 級：鄉村與郊區的過渡。在人口聚集區的方向有光害。黃道光較清晰，但延伸的範圍很小。銀河仍能給人留下深刻的印象，但是缺少大部分的細節。M33 已難以看到，只有在地平高度大於 50°時才勉強可見。雲在光害的方向被輕度照亮，在頭頂方向仍是暗的。你能在一定距離內辨認出你的望遠鏡。肉眼的極限星等可達到 6.1 ～ 6.5 等。

圖 1.42　在鄉村或者鄉村與郊區的過渡地區看到的冬季星座。冬季銀河雖然可見，但並不壯觀。經過適應之後還能看到更闇弱的恆星

第 5 級：郊區的天空。僅在春秋季節最好的晚上才能看到黃道光。銀河非常闇弱，在地平線方向不可見。光源在大部分方向都比較明顯，在大部分天空，雲比天空背景要亮。肉眼的極限星等為 5.6 ～ 6.0 等。

第 6 級：明亮郊區的天空。甚至在最好的夜晚，黃道光也無法被看到。僅在天頂方向的銀河才能看見。天空中的地平高度 35°以下的範圍都發出灰白的光。天空中的雲在任何地方都比較亮。你可以毫不費力地看到桌上的目鏡和一旁的望遠鏡。

沒有雙筒望遠鏡 M33 已不可能看到，對於肉眼來說仙女星系 (M31) 也僅僅是比較清晰的目標。肉眼極限星等為 5.5 等。

第 7 級：郊區與城市過渡。整個天空呈現模糊的灰白色。在各個方向強光源都很清晰。銀河已完全不可見。蜂巢星團 (M44) 或 M31 肉眼勉強可見且不十分明顯。雲比較亮。甚至使用中等大小的望遠鏡，最亮的梅西耶天體仍顯得蒼白。在真正努力的嘗試之後，肉眼極限星等為 5.0 等。

第 8 級：城市天空 (圖 1.43)。天空發出白色、灰色或橙色的光，你能毫不困難地閱讀報紙。M31 和 M44 只有在最好的夜晚才能被有經驗的觀測者用肉眼看到。用中等大小的望遠鏡僅能找到最亮的梅西耶天體。一些熟悉的星座已無法辨認或是整個消失。在最佳情況下，肉眼極限星等為 4.5 等。

第 9 級：市中心的天空。整個天空被照得發亮，甚至在天頂方向也是如此。許多熟悉的星座已無法看見，巨蟹座、雙子座等星座根本看不到。也許除了昴星團，肉眼看不到任何梅西耶天體。只有月亮、行星和一些明亮的星團才能給觀星者帶來一些樂趣 (如果能觀測到的話)。肉眼極限星等為 4.0 等或更小。

圖 1.43　第 8 級或者第 9 級的星空所能看到的星座

1.3　認識「七曜」和各種「怪異」現象

太陽、月亮和五大行星（金星、木星、水星、火星、土星）並稱「七曜」，也就是說，它們在天空中非常的「閃耀」。明瞭它們的（視）運動規律，對於我們熟悉星空也是相當重要的。它們通常本身就是我們喜愛觀測的天體；另一方面，它們不僅「耀眼」，而且還不斷地「遊蕩」，很容易干擾我們（尤其是初學者）來辨認星座和星空。

1.3.1 太陽和月亮出沒

看了標題，你會說：太陽、月亮在哪裡還不知道嗎？還真的不一定！比如，我們生活在北半球，大家都認為太陽都在我們的南方，不是的；再如，夏天熱、白天長，是因為那時候太陽離我們更近嗎？也不是的。至於月亮的運動，那就更複雜了。我們先來看看太陽的出沒規律。

1．太陽的視運動

上地科課，或者在科普書籍中，關於太陽出沒的描述大都是這樣的:「太陽直射點的移動範圍為地球南北迴歸線之間」(圖1.44)。這句話沒錯，但是要注意，這裡定義的是太陽的「直射點」，也就是正午時太陽的最高位置。不要理解為：我們生活在北半球，太陽就永遠都不會出現在我們的北邊。

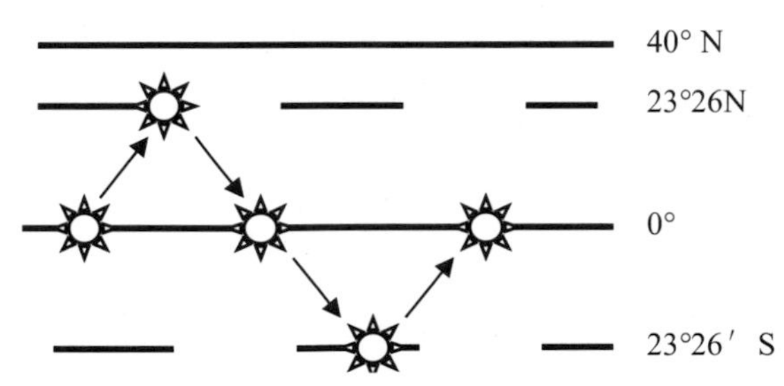

圖 1.44　太陽的「直射點」週年變化的情景

實際上，結合地球的自轉和公轉，太陽的出沒是走了圖 1.45 中所示的路線。

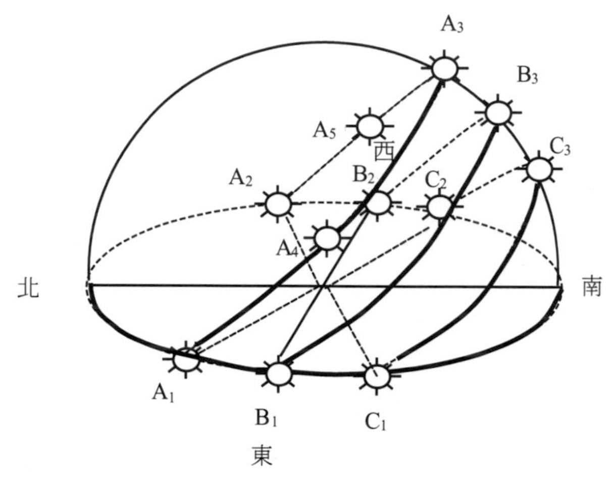

圖 1.45　太陽視運動週年變化圖

太陽的視運動，對於北半球來說是在圖 1.46 中的 A 路線（夏至日）和 C 路線（冬至日）之間變化的。由夏至到秋分期間，太陽是在 A 路線和 B 路線之間運行，從最高點來說，夏至日在 A_3，然後逐漸降低，秋分那天在 B_3。繼續下降直至冬至日的 C_3。以夏至日為例，太陽運動軌跡如 A 路線所示。此時，太陽從圖中 A_1 處東偏北方向升起，從 A_2 處西偏北方向落下。一天之中，從 A_1 處開始，太陽視運動方位漸趨偏南，直到 A_4 時，太陽位於觀測地正東方，A_3 時位於正南方，A_5 時位於正西方。日影圖如圖 1.46 所示。

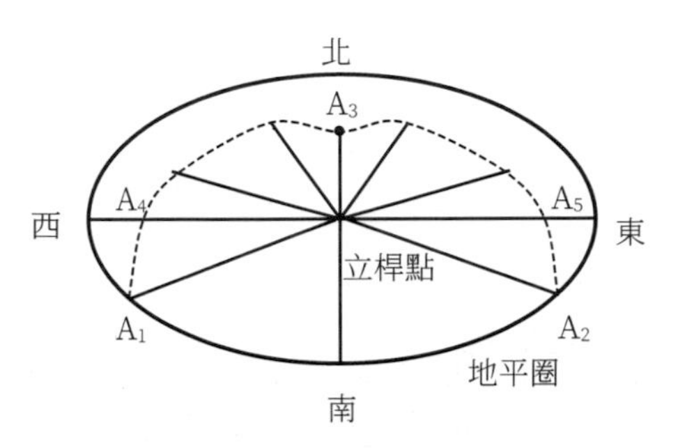

圖 1.46　圖中 A_1 到 A_5 各點，分別對應的是圖 1.47 中相應數字點的「日影」點

春秋分日，太陽運行軌跡如圖 1.47 中 B 路線所示。此日，太陽從正東方向升起，正西方向落下，白天其他時段，太陽始終位於觀察者（偏）南方天空。太陽高度越高，日影越短，由於太陽方位與日影朝向相反，春秋分日的日影日運動規律如圖 1.47(a) 所示。

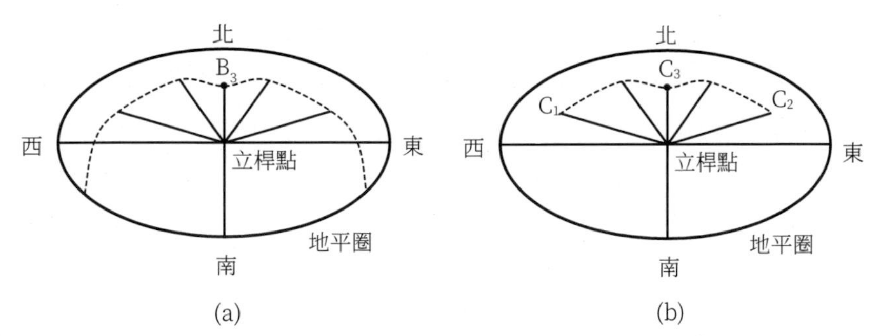

圖 1.47　春秋分日 (a)、冬至日 (b) 地日影日運動規律圖

由冬至到春分期間，太陽是在路線 C 和 B 之間運行，從最高點來說，冬至日在 C_3，然後逐漸升高，春分那天在 B_3。

繼續升高直至夏至日的 A_3。以冬至日為例，太陽運行軌跡如 C 路線所示。此日，C_1 時，太陽從東南方向升起，C_2 時太陽從西南方向落下，正午時 (C_3)，太陽位於正南方，日影運動規律如圖 1.47(b) 所示。

從上述討論我們可得出，在北半球的「夏半年」，北半球的大部分地區（不包括赤道和北極點）太陽都從東北方向升起，西北方向落下。春秋分日，地球任何地區（除極點外）都從正東方向升起，正西方向落下。在北半球的「冬半年」，北半球的大部分地區（不包括赤道和北極點）太陽從東南方向升起，西南方向落下，正午時居正南方天空。

南半球太陽運行的規律與上述情況相反。

2．月亮出沒規律

月球不發光，一輪明月只是月亮為我們「偷來的」太陽光。隨著太陽、月亮、地球三者之間相對位置的變化，月亮也會從新月→蛾眉月→上弦月→（上）凸月→滿月→（下）凸月→下弦月→蛾眉月→新月，週期性變化（圖 1.48）。同時，出沒時間也會相應變化。

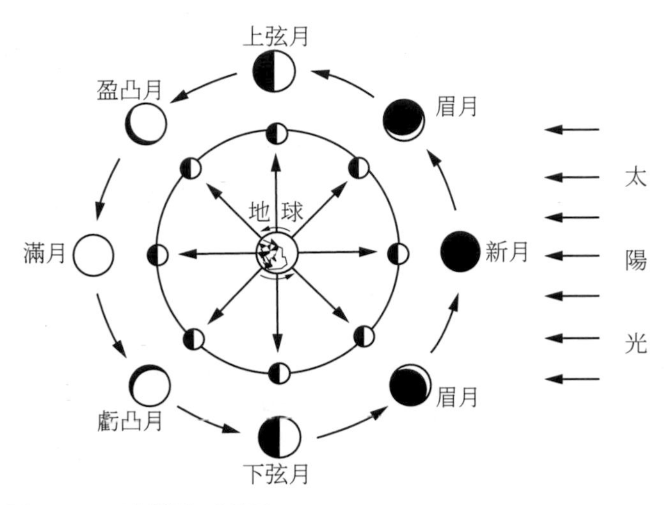

圖 1.48　月相變化示意圖

約在農曆每月三十或初一，月球位於太陽和地球之間，地球上的觀察者正好看到月球背離太陽的暗面，因而在地球上看不見月亮，稱為**新月**或朔。此月相與太陽同升同落，即清晨月出，黃昏月落，只有在日食時才可察覺它的存在。

新月過後，月球向東繞地球公轉，從而使月球離開地球和太陽中間而向旁邊偏了一些，即月球位於太陽的東邊。月球被太陽照亮的半個月面朝西，地球上可看到其中有一部分呈鐮刀形，凸面對著西邊的太陽，稱為**蛾眉月**。蛾眉月日出後月出，日落後月落，與太陽同在天空。在明亮的天空中，看不到月相，只有當太陽落山後的一段時間才能在西方天空看到蛾眉月。

約在農曆每月初七、初八，由於月球繞地球繼續向東運行，日、地、月三者的相對位置成為直角，即月地連線與日地連線成 90°。地球上的觀察者正好看到月球是西半邊亮，亮面朝西，呈半圓形，叫**上弦月**。上弦月約正午時月出，黃昏時，它出現在正南天空（假設觀察者位於北半球中緯度），子夜從西方落入地平線之下，上半晚可見。

約在農曆每月十一、十二，在地球上的觀察者看到月球西邊被太陽照亮部分大於一半，月相變成（**上**）**凸月**。凸月正午後月出，黃昏時在東南部天空，月面朝西。然後繼續西行，黎明前從西方地平線落下，大半夜可見。

農曆每月十五、十六，月球運行到地球的外側，即太陽、月球位於地球的兩側。由於白道（月球運行軌道）面與黃道面有一夾角 θ（θ 平均值為 5° 09′），通常情況下，地球不能遮擋住日光，月球亮面全部對著地球，人們能看到一輪明月，稱為**滿月**或**望**。滿月在傍晚太陽落山時的東方地平線上升起，子夜時位於正南天空，清晨時從西方地平線落下，整夜都可以看到月亮。

再過幾天，農曆每月十八、十九，月相又變成（**下**）**凸月**，月面朝東。此時為黃昏後月出，正午前月落，大半晚可見。

農曆每月二十二、二十三，太陽、地球和月球之間的相對位置再次變成直角，月球在日地連線的西邊 90°。這時我們看到月球東半邊亮呈半圓形，月面朝東，稱為**下弦月**。它在子夜時升起在東方地平線上。黎明日出時高懸於南方天空，正午時從西方地平線落下，下半晚可見。

再過幾天，農曆每月二十五、二十六，月相又變成**蛾眉月**，亮面朝東。此時子夜後月出，黃昏前月落，黎明前可見。月球隨後繼續向東運行，又運行到太陽和地球之間的點，月相變回為朔。

1.3.2 目視五大行星

克卜勒（Johannes Kepler）在 1609 年發表的著作《新天文學》中提出了他的前兩個行星運動定律。行星運動第一定律認為每個行星都在一個橢圓形的軌道上繞太陽運轉，而太陽位於這個橢圓軌道的一個焦點上。行星運動第二定律認為行星運行離太陽越近則運行就越快，行星的速度以這樣的方式變化：行星與太陽之間的連線在等時間內掃過的面積相等。十年後克卜勒發表了他的行星運動第三定律：行星距離太陽越遠，它的運轉週期越長；運轉週期的平方與其到太陽之間距離的立方成正比。

我們要明白，行星三大定律全都是人類純粹用肉眼觀察、記錄並總結出來的。眼睛是無法觀察到精確的距離和方位的，不像現在有天文望遠鏡、有衛星等。而且更要命的是地球也在運動，也在自轉和公轉，行星也在自轉和公轉，甚至太陽也在自轉和公轉。因為大家都在動，所以只要一個環節稍有誤差，可能測量的所有數據都是錯誤的，比如說你如果認為地球是靜止的，那麼你所有的觀察數據就完全沒有意義。幸好，前人透過幾何學的研究，也深深懂得這一點，最終提出了行星三大定律，實在是令人驚豔。也難怪，總結出行星三大定律後，當時的克卜勒狂喜萬分，就連現在的我們也為之狂喜，為偉人、為真理、為科學！

當然，作為一般人，哪怕是天文愛好者，我們觀察恆星、行星，由於不去進行深入的研究，所以我們完全可以出於好奇、出於對大自然敬畏的角度去欣賞、去玩味。也就是說，這裡我們述說如何觀察五大行星，只要基礎性地了解它們的視運動情況就可以了。

行星視運動是指觀測者所見到的行星在天球上的移動。由於行星繞太陽運行，地球也繞太陽運行，從地球上看去，行星的視運動可以有兩種描述方法，一種是相對於太陽的視運動，另一種是相對於恆星的視運動。先普及一些基本知識。

1．行星視運動基本知識

(1) 恆星

恆星的「恆」字代表它們在天球上的位置是相對不變的，恆星組成星座，所以星座的形狀也不會改變。恆星從東方的地平線升上來，爬到最高點，然後往西方沉下去。看起來就像整個天球圍繞著地球旋轉一樣。事實上，恆星在天球上的位置是會變化的，我們稱恆星在天球上的運動為自行（沿著天球橫向的移動，與地球連線方向的運動叫「視差」），但恆星的移動非常緩慢，要經過數十年的時間，再加上精確的測量，才能夠測算出來。所以，短時間內我們完全可以認為恆星在天上是不動的，可以作為我們觀察行星視運動的背景。

(2) 行星

行星的「行」字代表它們並不會永遠停在同一個星座內，它們會在天球上的黃道附近四處遊蕩。它們之所以會四處亂闖，是由於它們和地球一樣，皆會繞著恆星公轉。

(3) 內行星、外行星（圖 1.49）

在太陽系中，以地球軌道為界，在地球軌道以內運行的水星和金星叫做內行星；在地球軌道以外運行的火星、木星、土星、天王星、海王星叫做外行星。這兩類行星也稱地內行星、地外行星，各自有不同的視運動特徵。

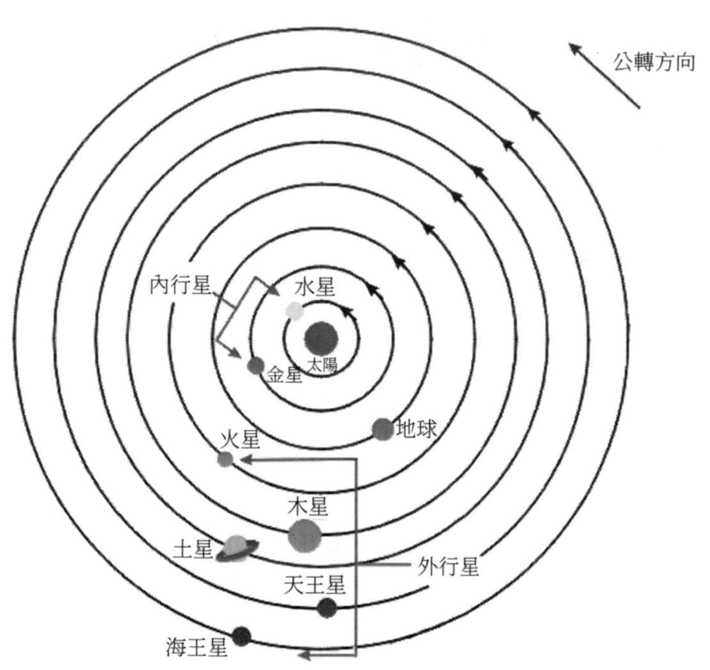

圖 1.49　從天球的北極觀看太陽系內的行星，會發現所有行星都以逆時針方向圍繞太陽公轉，這些行星運動的平面稱為「黃道面」

(4) 行星的公轉

行星環繞太陽的運動叫做公轉，公轉的路徑叫做公轉軌道。行星公轉有以下幾個特點：

① 行星公轉軌道都是一些離心率不大的橢圓。離心率最大的是冥王星，也只有 0.256。現在它已經被從九大行星中除名了。

② 行星的公轉軌道面幾乎在同一個平面上。軌道傾角最大的

是冥王星，也只有 17.1°。其他都在黃道面的 ±6°範圍。

③ 行星都是由西向東繞太陽運行的。

④ 行星繞太陽公轉的週期有長有短。越接近太陽的行星公轉週期越短，越遠離太陽的行星公轉週期越長。

了解以上四個特點對我們認識行星視運動是很有幫助的。第二個特點告訴我們，行星必然出沒在黃道附近，不會離開太陽（視）軌道太遠。了解了第三、第四個特點，就容易理解內行星和外行星視運動的差異了。

(5) 黃道面、黃道

地球繞太陽公轉的軌道平面稱為黃道面。它也是太陽的週年視運動平面。

地球繞太陽公轉的軌道平面與天球相交的大圓稱為黃道，也可理解為太陽在天球上的視運動軌跡。

(6) 視距

地球看向行星為一條線，地球看向太陽為另一條線，兩條線的夾角為行星、地球、太陽三者的視距。

2．太陽系中的行星相對於太陽的視運動

內行星和外行星相對於太陽的視運動是不同的。內行星總是在太陽附近來回擺動，它跟太陽的角距限制在一定範圍內。

外行星跟太陽的角距不受限制，可以在 0°～ 360°之間變化。

水星跟太陽之間的視距不超過 28°，金星跟太陽的最大視距是 48°。由於水星、金星和地球的軌道都不是正圓，所以最大視距隨著它們之間相對位置變化而有所變化。水星的變化範圍在 18°～ 28°之間，金星的變化範圍在 44°～ 48°之間。

(1) 內行星相對於太陽的視運動 (圖 1.50)

內行星相對於太陽的視運動有四個特殊位置：下合、上合、東大距、西大距。

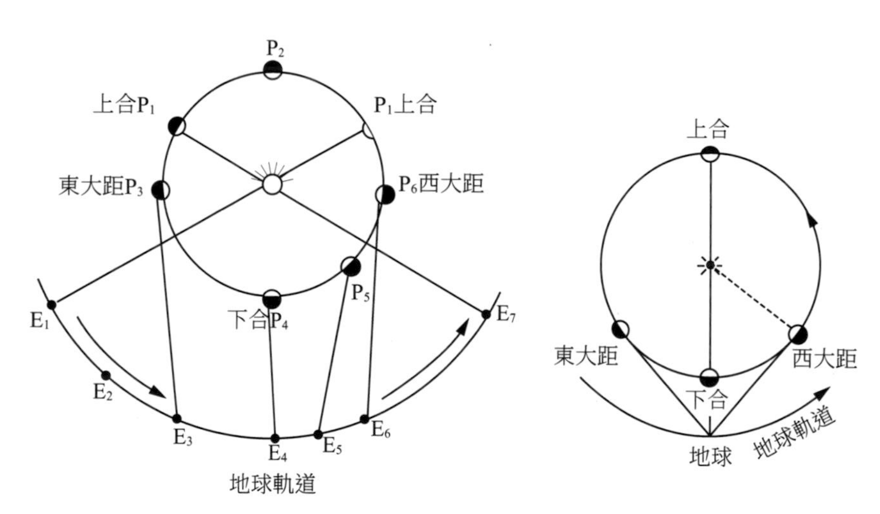

圖 1.50　內行星相對於太陽的視運動示意圖

當行星、地球及太陽在黃道面上的投影成一直線時叫「合」。太陽在中間時稱為「上合」；內行星在中間時稱為「下合」。

內行星、地球和太陽三者所成的視距最大時叫「大距」。內行星在太陽東邊叫「東大距」，日落後行星會出現在西面地平線，此時是觀測內行星的最好時機。「西大距」即表示行星在太陽的西邊，日出前行星會從東面地平線升起，因為需要在日出前觀測，所以觀測條件不及「東大距」。

內行星上合的時候會與太陽一起升落，我們看不到它。上合後若干時間，內行星東移到離太陽有一定角距時，日落後出現在西方地平線上。內行星東移至東大距的時候，是觀測它的最佳時機。過東大距後，內行星改向西移動，逐漸靠近太陽，到下合附近就看不見了。下合後若干時間，內行星逐漸西移，當離太陽有一定角距時，日出前出現在東方地平線上，我們又能看見它了。以後繼續西移，當移到西大距的時候，又是觀測它的好機會。過西大距後，內行星改向東移動，逐漸靠近太陽，到上合附近又看不見了。

由上可知，金星和水星，只有在日出前或日落後一小段時間才可觀測到。通常，在日出前出現的內行星，我們稱為「晨星」，在日落後才出現的稱為「昏星」。

內行星連續兩次上合或者兩次下合的時間間隔叫做會合週期。水星的會合週期是 115.88 日，金星的會合週期是 583.92 日。

內行星在下合的時候，從地球上看去有時會從日面經過，這種現象叫做凌日。

(2) 外行星相對於太陽的視運動 (圖 1.51)

外行星相對於太陽的視運動也有四個特殊位置：合、衝、東方照、西方照。

當行星、地球及太陽在黃道面上的投影成一直線時叫「合」或「衝」。太陽在中間時稱為「合」；地球在中間時稱為「衝」。

外行星、地球和太陽三者所成的視距為 90°時，稱為「方照」。外行星在太陽東邊叫「東方照」，在西邊叫「西方照」。

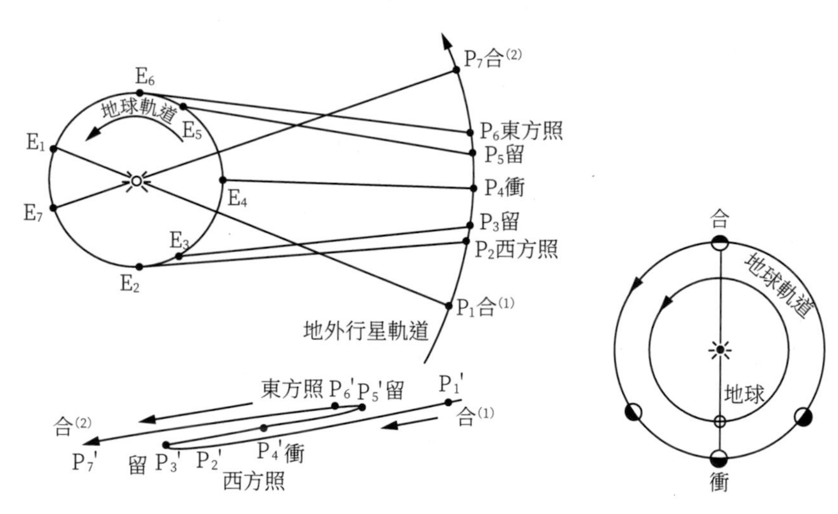

圖 1.51　外行星相對於太陽的視運動示意圖

在合的時候，外行星和太陽在同一個方向上，我們看不見它。合後若干時間，外行星西移到離太陽有一定的角距時，日出前出現在東方的地平線上，我們就能看見它。以後西移到西方照，後半夜都可以見到。過西方照後外行星繼續西移，逐漸提早從東方升起。當外行星到達衝的時候，太陽剛落山，它就從東方升起，整夜可以見到，是觀測它的最好時機。衝過後，外行星繼續西行，移到東方照時，上半夜都可以見到。以後逐漸靠近太陽，移到合的附近又看不見了。

外行星連續兩次合或衝的時間間隔叫做會合週期。火星的會合週期是 779.94 日，木星的會合週期是 398.88 日，土星的會合週期是 378.09 日。

3 · 太陽系中的行星相對於恆星的視運動

行星相對於恆星的視運動路徑看上去比較複雜。行星大部分時間在天球上是由西向東移動的，叫做順行；小部分時間由東向西移動，叫做逆行。由順行轉到逆行或由逆行轉到順行，行星在天球上的位置叫做「留」。

如圖 1.52 火星的運動變化，從 2 月 16 日開始到 4 月 16 日火星順行；4 月 17 日火星留；4 月 18 日到 6 月 29 日火星逆行；6 月 30 日火星再留；然後火星順行，8 月 24 日最接近天上的另一把大火「心宿二（天蠍座 α）」。從 2 月 16 日開始一直到 9 月 13 日，火星一直在天蠍座運行。

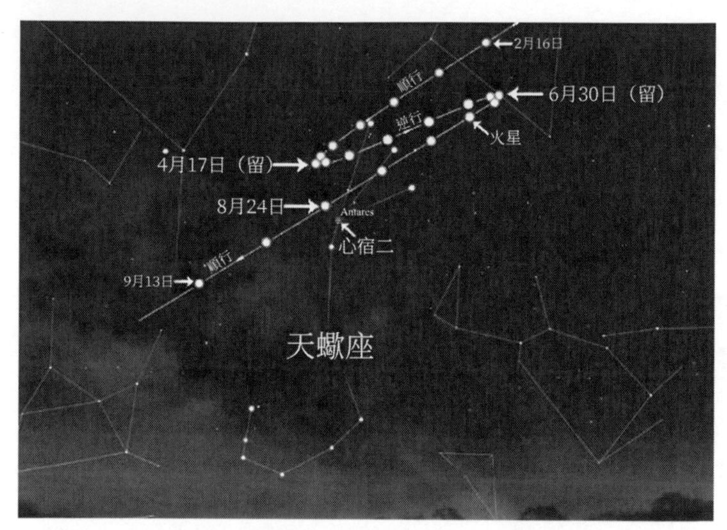

圖 1.52　某年的火星視運動變化情況

行星的視運動情況可以查當年的天文年曆。在天文年曆中，一般都列有當年太陽和各大行星的赤經、赤緯值。水星每 5 日列一組值，金星、火星、木星、土星每 10 日列一組值。我們查算到某日太陽和行星的赤經、赤緯值，就可以在黃道星圖中標出太陽和行星的位置。在查算的時候，要注意把行星留的日期考慮進去。從行星和太陽的赤經差，可以推知行星的升起、下落以及可見情況。

如果在黃道帶星圖上標出十二個月內太陽和行星的位置，就可以得到整年行星可見情況。這種圖在一些天文書刊中很容易找到。用肉眼觀測行星，最好要有一張黃道帶星圖，根據推算或者查算，在星空中找到要觀測的行星，估算這顆行星相對於周圍恆星的距離，然後在黃道帶星圖上標出這顆行星所在位置，並且記下觀測日期。對於水星，每天要觀測一次。對於金星，可以一週觀測一次。對於外行星，可以一週或者一個月觀測一次。行星在留的附近，觀測次數要稍多一些。把一年內觀測記錄下來的點，用曲線連接起來，就是這顆行星當年相對於恆星的視運動軌跡（圖 1.53）。

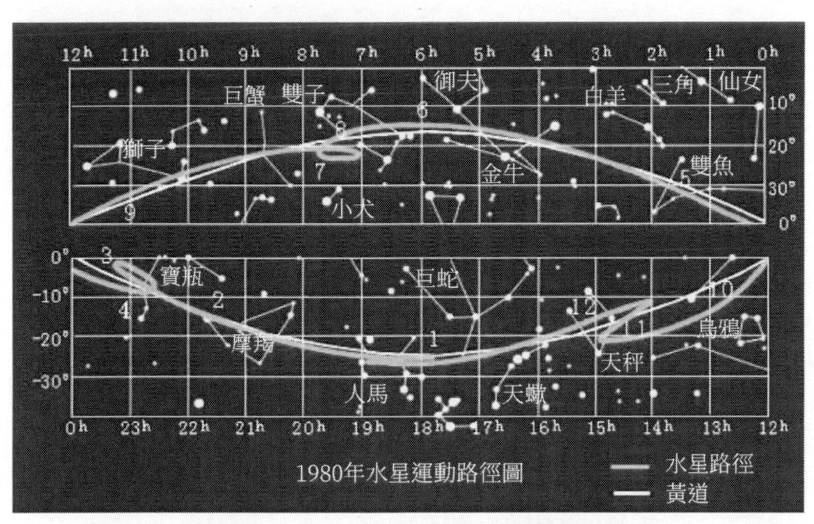

圖 1.53　水星全年（1980 年）相對恆星視運動軌跡圖

了解行星視運動的動態，對於實際觀測行星時尋找目標是十分重要的，當然，如果你有類似 Sky Map 這樣的天文軟體，則掌握行星動態就更容易、直觀了。

4．尋找行星的方法

天上的星星很多，怎樣才能把我們要觀測的行星找出來呢？除了上面所說的透過推算或者查算了解行星的動態以外，還可以根據以下一些行星的特徵來幫助尋找它們。

首先，行星總是在黃道附近運行。

其次，行星一般比恆星亮。金星是全天最亮的星，亮度在 -3.3 ～ -4.4 等之間，發白光，人們叫它「太白金星」。木星亮度僅次於金星，在 -1.4 ～ -2.5 等之間。土星亮度在 1.2 ～ -0.4 等之間，顏色稍黃。火星亮度在 1.5 ～ -2.9 等之間，火紅色，很容易辨認。水星亮度在 2.5 ～ -1.2 等之間，當它作為昏星或者晨星出現的時候，地平附近沒有別的亮星，也容易辨認。

另外，行星閃爍小，亮度比較穩，而較亮的恆星總是不停地閃爍著。

1.3.3 九星連珠和行星大十字

大行星通常是「遊蕩」的，所以它們很可能會發生聚在一起、連成一線，或者構成其他什麼圖形的狀況。這些都屬於自然現象，不會影響到人類的。至於那些什麼「連珠」、「大十字」會禍及人類的說法，都是不懂的人道聽塗說。倘若你相信了，那只是因為你懂的天文知識太少的緣故。不要說大行星會連成什麼形狀了，它們連太陽系的「霸主」——太陽都敢「衝撞」，這就是大行星的「凌日」和「衝日」現象。

1·「凌日」和「衝日」

「凌日」和「衝日」都是大行星、地球、太陽三者連成一線的現象，我們在前面為大家介紹過，對內行星就是「合」(圖 1.50)，而「凌日」就是「下合」。它是天象中「食」的一種，其原理與日食很相似，是內行星從地、日間透過，我們會見到一個黑點在日面緩緩掠過的現象。「衝日」就是圖 1.51 中我們介紹的「衝」，只發生於外行星。

(1) 凌日

凌日只有水星凌日和金星凌日兩種。

凌日在本質上與日食一樣。地內行星運動到地球和太陽之間時，會與地球、太陽處於一條直線，此時凌日現象就發生了。儘管金星和水星都比月球大，但由於它們離地球的距離比月球距地遠得多，在地球上看來比月球小得多，因而凌日發生時，地球上的觀測者只能看到一個小黑圓點在太陽表面緩慢移動 (圖 1.54)。

實際上不僅需要地內行星要位於地球和太陽之間，而且要其公轉軌道平面與黃道面相交時，凌日才會發生。所以，凌日現象的出現很有規律。水星凌日必然發生在 11 月 10 日或 5 月 8 日前後，每 100 年平均有 13 次（13.4 次），其中發生在 11 月的有 9 次，發生在 5 月的有 4 次。金星凌日必然發生在 6 月 7 日或 12 月 9 日前後，其中 6 月 7 日前後的凌日機會略多。

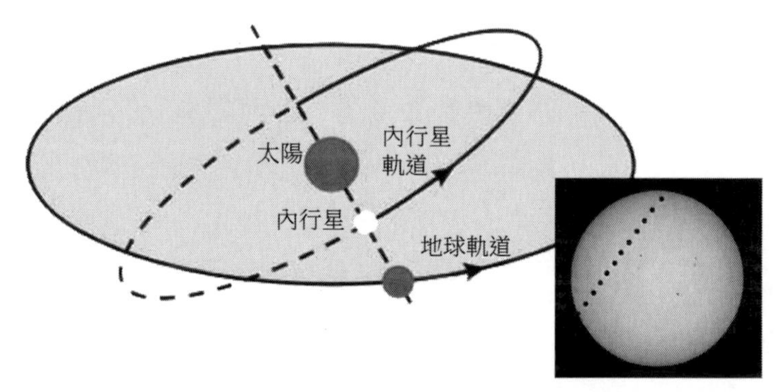

圖 1.54　離太陽越近，發生凌日的機會越多。金星離太陽要比水星遠，所以發生凌日的機會要比水星少得多

由於會合週期（行星和地球的公轉會合）以及離太陽遠近的關係，金星凌日現象非常罕見，從 1639 年起，包括 2004 年 6 月 8 日的凌日在內，為人們所看到的金星凌日天象總共只有 6 次。而從 1631 ～ 2006 年，共出現了 51 次水星凌日，其中，發生在 11 月的有 36 次，發生在 5 月的有 15 次。

從 1631 年起，人類觀測凌日已有 380 多年的歷史。早期天文學家曾透過觀測這一現象測定日地距離，在今天，人們對凌日現象只是作為一種比較罕見的天象來觀賞，而凌日本身已沒有多大科學研究意義了。不過，這種現象為天文學家尋找太陽系外其他恆星的行星提供了一條重要途徑。由於恆星離地球非常遙遠，即使在它們的周圍有行星，以目前的技術仍無法直接觀測到，而需借助間接的方法，其中之一就是觀測「凌星」現象。因為行星繞恆星公轉，而行星不發光，當遠方恆星周圍的一顆行星位於該恆星和地球之間時，該行星就會擋住恆星的一部分星光，這就是凌星，其原理與地內行星的凌日現象一樣。從地球上看，凌星發生時，恆星的星光會減弱，而這種星光減弱現象可從地球上觀測到。分析凌星過程中星光減弱的規律，就有可能推算出恆星周圍行星的軌道和質量，這種方法稱為「凌星法」。

(2) 衝日

2012 年似乎很是「壯觀」。3 月 4 日，火星率先上演衝日天象，以此拉開了 2012 年五大行星衝日的序幕。其後，土星、木星、天王星、海王星輪番上演衝日大戲，與地球、太陽排列成直線。

有媒體報導，這是「百年一遇」的天象，更有人將之與所謂馬雅曆 2012 年年底冬至的地球、太陽和銀河系中心將成直線放到一起討論。「五星輪番衝日」還是讓天文學家來解釋吧。

天文學家這樣說：「行星衝日是指該行星和太陽正好分處地球兩側，三者排列成一條直線。此時該行星與地球距離較近，亮度也比較高，是觀測的很好時機。衝，古文意為『相對』，也就是從地球看去，太陽和那顆行星在天空中正好處於相對的位置，太陽從西邊下山時，發生的衝日差不多就正從東方升起。行星衝日現象，在中國古代文獻就有記載，並不稀奇。」

關於 2012 年的「五星輪番衝日」，天文學家接著說：「木星繞太陽一圈，相當於地球上的 12 年，所以每年木星衝日，都會與上一年相距十二分之一的角度。土星繞日一圈約等於地球上的 29 年，天王星繞日一圈約等於地球上的 84 年，海王星繞日一圈約等於地球上的 165 年；地球繞太陽旋轉，卻每年都會分別與它們和太陽『三點一線』，也就是說，它們每年也都會與地球『配合唱一齣』衝日『戲』。反而是距離地球較近的火星有所不同。火星的一年相當於地球的 26 個月，即 780 天，差不多是地球的兩年多一點。這就造成了火星反而每隔 26 個月才會位於地球較近的位置。所以說，『五星輪番衝日』是否發生，取決於火星。其他行星，則幾乎每年都有衝日現象。」

至於有人將五星衝日與所謂馬雅曆 2012 年冬至的地球、太陽和銀河系中心將成一直線放到一起討論，天文學家說：「本身就有人將馬雅曆神祕化了，你去問現在墨西哥的馬雅人後代，他們內部對馬雅曆的說法也不盡相同。」

對所謂馬雅曆 2012 年冬至這一天，地球、太陽、銀河系中心點成一直線排列的說法，他接著說：「太陽系距離銀河系中心大約 2.5 萬光年，引力影響十分有限，事實上，地球、太陽和銀河系中心每年都有機會形成一條近似的直線，此時與其他時候並無什麼不同。所謂 2012 年冬至，太陽與地球、銀河系中心點形成一條直線，其實也沒有什麼特別的意義。由於歲差的作用，從地球上看去，每年同一時刻，太陽在天空中是緩慢移動的，大約 72 年移動一度，冬至時三者最接近於一條直線的時間實際上發生於十幾年前，根本就不在 2012 年，只不過馬雅曆法將 2012 年作為本次長曆的結束，是有人硬把兩者連繫起來。」

不過，五大行星輪番衝日，對於天文愛好者而言，倒是一種特別受歡迎的現象，他們可以利用行星全夜可見的機會進行理想的觀測 (圖 1.55)。

2 · 九星連珠和行星大十字

大行星的繞日公轉軌道都在地球公轉軌道平面附近，投影在天穹上的軌跡當然在黃道一帶的上下。所以，行星出沒都在黃道帶附近天區。它們就有可能在黃道一帶排列成陣，也有可能匯聚成群。

圖 1.55　2012 年 7 月 16 日晚出現在天空的金星、木星伴月天象，看上去是不是老天爺在對著我們微笑

日食是太陽和月球在天穹上的一種匯聚。凌日是太陽和水星或金星的一種匯聚。那大行星會不會在天穹上匯聚在一起呢？答案是不會。這是由於：首先，大行星的公轉週期若以地球日為時間單位，彼此完全不能通約，八大行星不可能同時經度相同；其次，大行星的公轉軌道並不與黃道一致，它們不可能同時緯度相同。

在天文學史上，將三個和三個以上的行星的經度盡可能彼此相近的天象叫做行星匯聚。古代特將肉眼看得見也是僅知的行星，即水星、金星、火星、木星和土星，五星的經度彼此接近的難得一現的天象稱為五星連珠，並認為是吉祥之兆，將之與人間大事連繫。在史書中記載的最早的一次五星連珠天象出現於西元前 206 年。最近的兩次發生在 1186 年 9 月 9 日（南宋淳熙十三年）和 1524 年 2 月 5 日（明代嘉靖三年）。據查，沒有任何重大的天災人禍與歷史上的五星連珠一一對應。1962 年 2 月 5 日，正值春節元月初一，當日適逢日全食，又值金、火、木、土四星匯聚。新春日食和四星匯聚較為不太多見的天象同時出現，就成為罕見事件。然而，世界各地都沒有發生占星術士預言的大災難。

在同一時間，幾個行星同時並排地出現在黃道帶附近的天象，可稱之為列陣。三個或四個行星的列陣，並不算少見，但八個大行星同時呈現在地平線之上小於 180°，排列成近似的一字長蛇陣，確是較為罕見的天象。1982 年 3 月和 5 月各有一次八大行星同現星空的景象，事後得知並未有何災難爆發。1997 年 11 月是最近的一次在天穹上八大行星排成一列。

上面說的匯聚和列陣都是大行星的空間分布在天穹上的投影。下面要說的則是大行星在太陽系中的真正匯聚和真實列陣。人們將當時包括地球在內的九大行星同時運行到太陽系的一側，例如，一個 90°的象限內或夾角小於 90°的扇形區域中，稱為行星匯聚或連珠。也把九大行星在太陽的一側的某些引起人們某種聯想的某些排列叫做大行星列陣。

2016 年 1 月 27 日黎明前，在南方夜空出現了一幅壯麗的畫面（圖 1.56）：大半個月亮掛在西南天空中，在它東邊不遠處，是明亮的木星；向東，紅色的火星居於正南方天空；順著月亮－木星－火星的連線，繼續向東，還有兩顆亮星，離火星近的是土星，遠的是金星。如果你的眼力夠好，再遇上個好天氣，那你順著土星－金星的連線向東方地平線附近看去，沒準還會發現一顆稍暗的星，它就是水星。據說哥白尼一生都沒見到過水星呢。好啦，我們從月亮開始，依次看到木星、火星、土星、金星和水星，多麼美妙的「五星連珠」！ 1 月 27 日是農曆臘月十八，在此後的幾日中，如果每天早上你都觀察星空，就會發現月亮像一根針將五星逐個串連起來：月亮先是在 1 月 28 日到 2 月 1 日期間運動到木星和火星之間，然後又用兩天的時間飛過火星和土星之間的天空，接著在 2 月 4 日到 6 日逐步接近金星，到了 7 號早上它已掠過水星，這天正是臘月三十除夕，月亮漂亮地完成了串起五星的任務，向著太陽飛去，第二天就是大年初一，日月合璧。

圖 1.56　行星列陣

1982 年 3 月 10 日曾出現一次極為罕見的九星連珠。當時，九大行星全都匯聚在一個夾角為 96°的扇形區域內。那麼，這件事對地球、人類、自然環境、社會生活有造成什麼影響嗎？在原來的九大行星中，冥王星的質量最小，距地球最遠，對地球的引力影響也最小。若不將這個公轉週期最長的冥王星計入在內，八大行星匯聚的天象將更為多見。據悉，從西元元年迄今的近兩千多年間，在 90°象限內的八星連珠共有 18 次。出現的年份是西元 117、310、408、410、449、626、628、768、949、987、989、1126、1128、1130、1166、1307、1666 年和 1817 年。其中 449 年和 949 年的匯聚實為九星連珠。1128 年 3 月 30 日到 5 月 10 日的八星連珠的扇形區域的夾角只有 40°，極其難得。那年正值南宋高宗建炎二年，不知歷史學家能否指出與其對應的天災人禍。最後的一次匯聚發生於 1817 年 6 月 4

日至 22 日，當時是清代仁宗嘉慶二十二年。下一次的 90°象限內的八星連珠將出現在 100 多年後的 2161 年 4 ～ 6 月間。

太陽系天體對地球的最明顯引力作用表現為潮汐現象中的引潮力。引潮力的大小和引潮天體的質量成正比，和天體之間的距離的立方成反比。質量和距離兩個因素中，距離占第一位。太陽占了太陽系總質量的 99.86%，月球的質量占及地球的 1/81，但月地距離僅為日地距離的 1/394，所以，月球的引潮力是太陽的 2.2 倍。那麼其他八大行星呢？金星離地球最近，占行星總引潮力的 87%，木星質量最大，是地球的 318 倍，但距地球較遠，占行星總引潮力的 10%，而八大行星引潮力的總和只有月球引潮力的十萬分之六。從此可見，1982 年 3 月 10 日九大行星在 96°扇形區域的匯聚未曾引發諸如地震、海嘯、火山等天災有著可信的科學依據。

為了能有助於直觀地了解太陽系各個天體之間的引力作用和影響，我們來按真實比例設計一個有可能實現的太陽系模型。如果用一個直徑 14 公分的球代表太陽，在這個按比例縮小的模型中，地球則是離太陽中心 15 公尺處的直徑 0.13 公分的小球，質量和體積都是最大的大行星——木星為直徑 1.45 公分的球，離中心太陽 77 公尺。再看看太陽系最外的冥王星，它是一個直徑僅 0.03 公分的小小球，位於離模型太陽 600 公尺處。真要按比例製作一個滿足直觀的太陽系模型還真是不太容易啊！

19 世紀末，國外盛傳 1999 年行星「大十字」將引發人類大災難的預言，隨後這一說法也流傳到東方。這究竟是怎麼回事呢？是不是一個科學預測呢？

1970 年代，日本人五島勉根據 16 世紀問世的題為《諸世紀》的著作，另寫了一本名叫《大預言》的書。《諸世紀》是法國人諾斯特拉達穆斯（Nostradamus）撰寫的類似「推背圖」的冊子，全書用晦澀難解的辭句預測未來一千年的吉凶。該書宣告 1999 年 7 月有大災難降臨。五島勉則進而推算出災難將發生於 8 月 18 日，屆時太陽和大行星在夜空列陣呈「大十字」。日本天文學家古在由秀閱讀了文稿，經他計算後認為行星「大十字」的災難之說是無稽之談，但駭人聽聞的《大預言》還是照出不誤，並譯成他國文字，推向國際社會，在不明就裡的人群中引起關注和憂慮。像《恐怖大預言》、《1999 年人類大劫難》、《巨大災難降臨人類》等書名的中譯本或轉錄本也在各國流傳、散布。

人們在問，1999 年 8 月 18 日，真的發生了行星「大十字」排列在天穹上嗎？行星「大十字」對地球和人類產生影響了嗎？前面已說過，大行星在天穹上的列陣和匯聚是它們各自的空間方位在天球上投影的視覺效應。大行星在太陽系中都分布在黃道面上下附近，所以，太陽、月球和八大行星從東到西，沿黃道一帶，排成並不筆直的長蛇圖像，雖罕見，但可能。《大預言》中描述的 1999 年 8 月 18 日的行星「大十字」圖案是這樣的：「大十字」的長劃為東西向，由水星、金星、天王星和海王星組成；「大十字」的短劃與長劃垂直，為南北向，由冥王星、火星、木星和土星構成。因為大行星的公轉軌道並不與地球的公轉軌道共面，例如，木星的軌道與黃道的交角是 1.5°、土星是 2.5°、火星是 1.9°、金星是 3.4°、水星是 7°、冥王星最特殊竟達 17.2°。以水、金、天王、海王四星在天穹上只有可能投影出與一字長蛇陣不大相似的圖像。那麼，冥王、火、木、土四星，會不會在黃道兩側，與黃道垂直，像《大預言》所預示的，排成十字形圖像中的短劃呢？前面早已說過，大行星的公轉週期全都是無理數，彼此不能相通的，冥王、火、木、土四星不能在 1999 年 8 月 18 日具有相同的經度，無法在天球上排成南北一行，也就沒有實際的天象。

行星的匯聚和列陣對地球有何影響和有多大影響的疑慮的答案是：一、有影響；二、其影響力太小，可忽略不計。因為，即便九個大行星都匯聚在太陽一側，且假定真能排成一列，其中八個對地球起潮力的總和將可使海洋只上升 0.04 毫米。「可忽略不計」的回答，足以令人信服。

3．中國古代發生的那些異常天象

異常的天象在古時候被看作是國運盛衰的徵兆，在歷史上據說有很多重要的事件都伴隨著異常的天象，可最終都是穿鑿附會。

(1) 專諸刺王僚

〈唐雎不辱使命〉中記載：「夫專諸之刺王僚也，彗星襲月。」春秋時期吳國有名的刺客專諸在刺殺吳王僚之時，出現了彗星的光遮住月亮的奇觀 (圖 1.57)。

圖 1.57 彗星俗稱掃把星，因為彗星的形狀像極了掃把，人們便把戰爭、瘟疫等災難歸咎於彗星的出現

(2) 聶政刺韓傀

〈唐雎不辱使命〉中記載：「聶政之刺韓傀也，白虹貫日。」戰國時期著名的刺客聶政，為報答好友恩德，孤身一人去刺殺好友的政敵，最終慘烈死去。在刺殺當日，有一道白色的虹霓橫貫太陽 (圖 1.58)。

圖 1.58　「虹」其實並不是「彩虹」，而是一種天象——「暈」。「暈」是太陽光線經過一系列的反射和折射所形成的，有環狀、弧狀、柱狀或亮點狀等

(3) 西周興起

《春秋緯元命苞》中記載，「商紂之時，五星聚於房」。《史記》中記載：「五星匯聚」（圖 1.59）的天象意味著天下將有明主出現，聖賢總是伴隨著五星匯聚的到來而降臨人間。

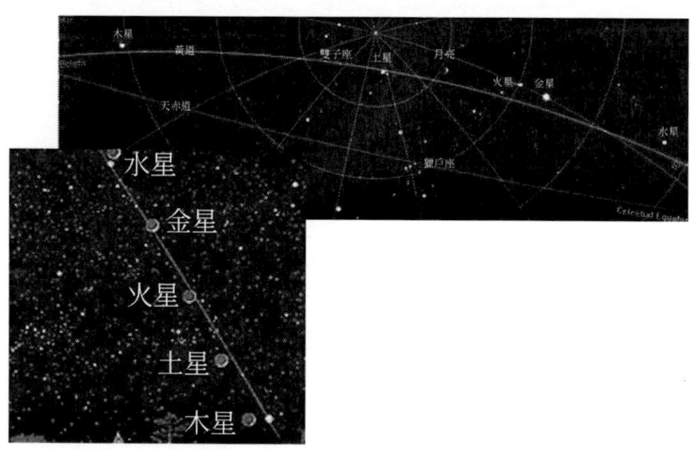

圖 1.59　「五星連珠」其實是五大行星的特殊自然現象罷了

西元前 1953 年「五星聚」，那一年，寒浞殺夏相羿，次年寒浞上台，執政四十年。

西元前 1059 年「五星聚」，那一年，周西伯設元稱王，十二年後太子姬發以文王名義殺紂。

西元前 185 年「五星聚」，時在西漢高皇后呂雉稱元之後二年，呂雉殺帝劉恭。

西元 710 年「五星聚」，韋皇后殺唐中宗。

(4) 秦始皇之凶兆

《史記秦始皇本紀》中記載：「三十六年熒惑守心。」在西元前 211 年，出現千年一遇奇怪天象——熒惑守心 (圖 1.60)。

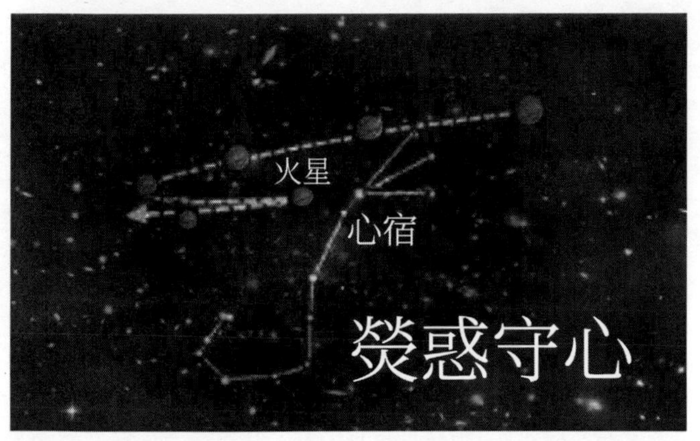

圖 1.60　「熒惑」是火星，「守心」指「心宿」。就是火星在心宿裡發生「留」的現象

在古人看來，火星近於妖星，司天下人臣之過，主旱災、

饑疾、兵亂、死喪、妖孽等。心宿由三顆星組成，古人認為這三顆星，分別代表了皇帝和皇子，皇室中最重要的成員。「守心」是指火星在順行和逆行的轉折期間看似行進速度較慢，「留」在心宿區域徘徊不去，就是「守心」。而這象徵著：輕者天子失位，重者就是皇帝駕崩，丞相下台。所以當秦始皇得知這個天象時，別提有多心煩了。從歷史上來看，秦始皇、漢成帝、梁武帝、後梁太祖、後唐莊宗、元順帝等，中國古代許多的君王，都應驗了「熒惑守心」的天難而駕崩 (圖 1.61)。

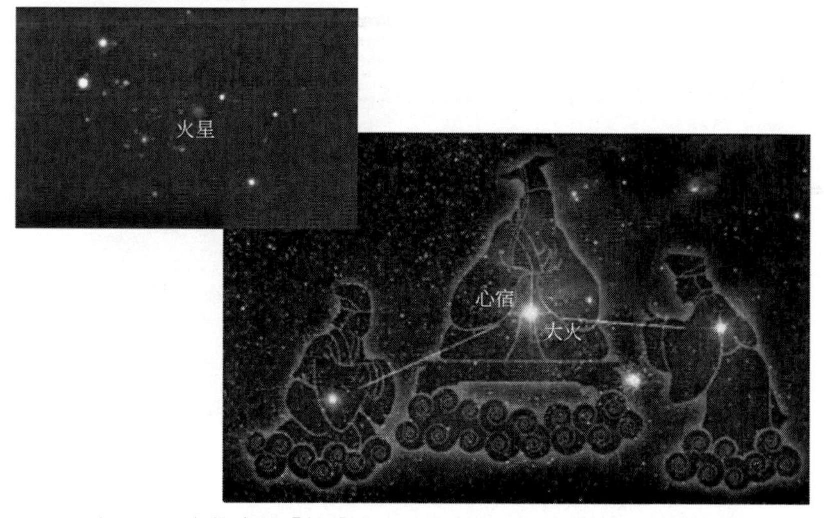

圖 1.61　為什麼說「熒惑守心」是不吉利的天象呢？因為火星熒熒似火，心宿二同樣色紅似火，火星和心宿二是全天最紅的兩個天體。兩「火」相遇，兩星鬥豔，紅光滿天，敢與天子爭輝，這天子之勢必受脅迫

事實上，這些諸多的天象或者星象，到底是不是祥瑞之

兆，只能說歷史總是由勝利者書寫，是一種主觀判斷而已。由於人們對大自然缺乏認知，便因對天地的敬畏而自我警惕。如今我們很少談論鬼神，同樣也失去了對生活和自然的敬畏之心，從這種角度來說，人心善惡不再有所顧忌，也不見得是件好事。

4．古代西方人眼中的神祕天象

1583 年秋天的一個夜晚，倫敦的居民被天空中一系列的奇觀驚呆了，從晚上八點到午夜，天空彷彿被燃燒的星雲所點燃，出現了顏色如硫磺和鮮血的紋路，還有形狀如箭如矛的光斑。

15 年之後，英國科克茅斯區坎布里亞郡的居民膽顫心驚地觀看到天空中兩隊軍隊的廝殺。同樣的情景也出現在了 1628 年英國南部巴克夏郡春天的夜空，當地人還聽到天空中傳來沉重的炮聲，模模糊糊地能看到一個不停敲鼓的男人身影。又過了十年，三個太陽（圖 1.62）和倒置的彩虹，嚇倒了薩塞克斯郡的居民。同年，英國西南部德文郡的天空上出現了一把燃燒的劍，當地的法官在他的日記中說，這是災難降臨前的危險徵兆。親眼見證這些奇觀的人，莫不跪倒在地，不但心中默念，嘴裡還大聲說出來：「最後的審判到來了！」

圖 1.62　「3 個太陽」的景色其實是日暈和幻日現象，是高空薄雲中的冰晶產生的折射現象。當雲層比較高時，由於溫度較低就容易形成冰晶，冰晶的形態類似於「三稜鏡」，起了分光作用，對日光進行折射，產生幻日弧光，或叫環天頂弧。是陽光以一定的角度照射在距離地面為 6,000 ～ 8,000 公尺的細小冰晶上後形成折射，這些冰晶表面彎曲且顆粒比鹽粒還細小。光線在每個晶體內發生彎曲，並折射出包括紅色、橙色、黃色、綠色、藍色、靛藍、藍紫色等彩虹特有的七色光譜。這一現象，在極為寒冷的極地地區比較常見

手拿兵器的天使，尾巴分叉、長著動物蹄子的惡魔，說明當時的人們確信，善與惡的鬥爭永遠存在。1600 年左右徘徊在德國山村上空中的渾身赤裸、披著長髮的野人，告訴我們當時人們對人類起源的認知一直徘徊在神學與科學之間。

在 16、17 世紀的英國，這樣的神祕天象意外地普遍，成了當時流言蜚語的絕佳素材。這些超自然事件也充斥於歷史編年史、科技專著和專門記載奇人怪事的異象大全。並不是無知的一般人才對此困惑不解，受人尊敬的地方官員、神學家和著

名學者同樣對天空的奇觀感興趣。在這兩個世紀，對天空的關注，一時之間超越了貧富、教育程度和社會階層的限制。

從現代觀點來看，這些奇異幻象完全是集體妄想的表現，現代人很難抵禦用科學觀點來解釋的誘惑，我們會認為這些天空中的幻影可能是特別形式的雲，是極光的顯現，或者是其他氣象異常造成的。如果把它們僅僅看作近代早期，歐洲人愚昧無知和迷信心理在作怪，那我們則忽視了這些幻象深層的歷史和文化含義。就像現代經常有人看到飛碟、外星生物一樣，現代早期人們看到的異象為我們打開了一扇理解他們的深層恐懼和焦慮的大門。倘若詳細研究當時的人如何解釋這些古怪的現象，會為我們揭開宗教改革之後英國和歐洲民眾精神世界的面紗，了解他們的困擾和他們的想像。

第 2 章

「星星證照」等級 1 ～ 10

認識星星，熟悉星空，是一件讓人興奮，同時又能增長見識（知識）的事情。但是，時間稍長就容易讓人產生「倦怠感」：一是在認識了幾顆亮星之後就覺得「夠了」、「可以了」、「已經很不錯了」；另一個就是，太想多認識天空中那些美妙的星星，可是滿天的星星，怎麼去認？怎樣才能「循序漸進」，不斷地進步呢？
這裡，我們借鑑那些鋼琴、爵士鼓等等的「檢定考」，也像他們一樣，為你量身訂做了「星星證照」1 ～ 10 級，鼓勵你不斷地進步，去認識更多的星星。天空那麼大、宇宙那麼遙遠，讓我們各憑本事去看看吧。

2.1 「天宮」星座和黃道星座

其實，不管我們的星星證照「封」你什麼官職、什麼稱號，最終目的還是要帶領你去認識星空。西方的星空分成了 88 個星座，那些星座故事確實很有趣，一直在被人們歷代「傳唱」。實際上，如果你真正了解了東方人眼中的星空，我們的「三垣四象二十八星宿」，你也許會覺得，我們的星空體系也相當完備，按照體系去認識星空就像是在認識歷史；看星星就像是在看那些歷史人物的「傳記」；自己就像是身處於一個個歷史事件之中，是那麼真實可信。

介紹星空的書籍很多，大多都採取了「四季星空」的說法，我們也不能偏離太多。但是，我們會先把最重要的「黃道十二星座」和天宮——紫微垣的星星引薦給大家，然後再按照春夏秋冬四季出現的星星，從中國的「星官」、「星宿」體系到西方的 88 星座體系，兩者並列為你介紹。讓我們一起往下看吧！

2.1.1 赤道、黃道、白道、銀道

在介紹星空之前，我們先來介紹一下那些天空中的「大圓」和「基本圈」。實際上，它們和天體運行的軌道密切相關。在前面對它們已經有過簡略的介紹，由於它們很重要，所以我們還是在接下來的章節更全面、詳細地介紹一下。

1．天赤道

天赤道，古人最早認識星空時應該是先認識了「地平圈」和「天頂」。但隨著觀測和數據紀錄的需要，跟隨地理位置而改變的地平座標系就不是那麼適宜了。後來，認識了「北斗七星」，知道了不動的「天極」，再把地球上的赤道向天上延伸，自然就有了天赤道。

天赤道是天球上一個假想的大圈，位於地球赤道的正上方；也可以說是垂直於地球地軸把天球平分成南北兩半的大

圓，理論上有無限長的半徑。當太陽在天赤道上時，白晝和黑夜到處都相等，因此天赤道也被稱為晝夜中分線或晝夜平分圓；那時北半球和南半球分別處於春分或者秋分，在一年當中太陽有兩次機會處於天赤道上。

從地球觀察者的角度來說，天赤道平面是一個垂直於北天極中軸的、處於天球直徑所在平面上的一個大圓 (見圖 2.1)。我們的先祖很早就發現：在放置日晷時，必須將日晷的晷面與天赤道平面保持平行；否則，太陽照射晷針形成的陰影在每個時間上的長度會不相同，晷針陰影在晷面上走的就不是圓周運動，而是一個黎明和黃昏時針影最長、正午時最短的橢圓運動。如果針影走的是橢圓而非圓周的話，那麼就無法透過均分晷面弧度的方式來均分各時間段的時長，晷面的每段等分弧長對應的具體時間長度是不一樣的，這樣就無法造成準確報時的作用。所以必須將日晷的晷面與天赤道平面保持平行，天赤道因此而成為當時天文觀測和應用的基準。

從現代天文學來看，之所以要保持日晷指針指向北天極，是為了模擬太陽在地球赤道上的每日視運動軌跡。而地球上除了赤道外，每個地方的緯度都是不同的，為了模擬出赤道的效果，必須先對當地的地理緯度做相應的矯正。而在不借助其他工具的條件下，最簡單的矯正方法就是將日晷的晷針指向北天極，再將晷面與晷針保持垂直，這樣晷面就與天赤道相平行了 (見圖 2.2)。

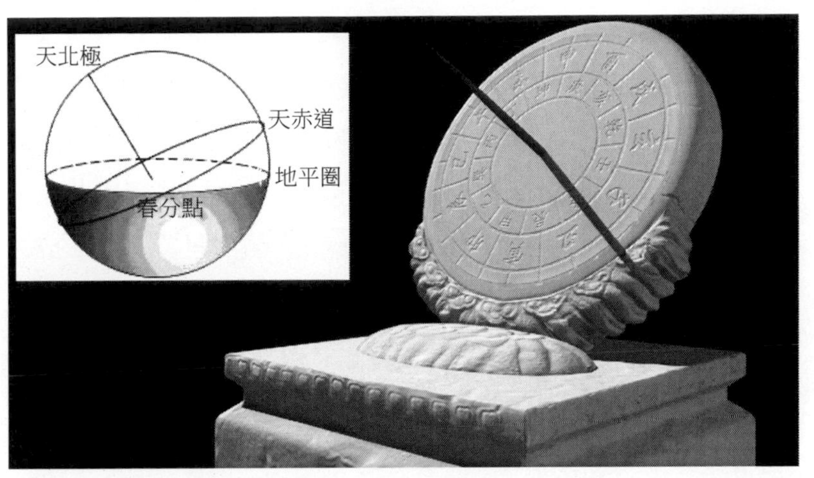

圖 2.1　天北極和天赤道，日晷的晷面平行於天赤道

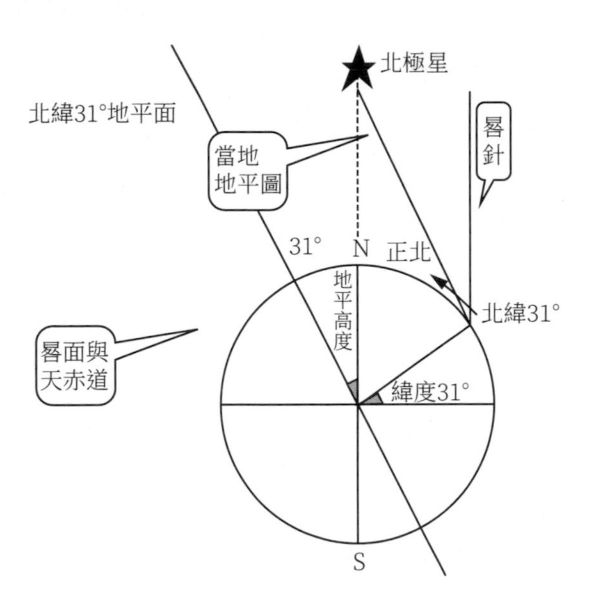

圖 2.2　北極星的地平高度就是當地的地理緯度

之所以須在不同地理緯度都模擬出地球赤道的效果來放置日晷，是因為地球赤道與晨昏圈（見圖 2.3）的圓心都是地球的球心，因此晨昏圈將赤道分成兩份等長的半圓，從而使得赤道任何一天晝夜都是等長的。並且在赤道上，太陽每個小時在天球上的運動軌跡也都是基本相等的，相應的照射晷針而形成的晷影在每個小時畫出的弧線長也是相等的。因此將晷針指向北天極、晷面與天赤道保持平行後，就能使晷針的針影走出如同將日晷放置在赤道上那樣的等分效果，這樣就能透過分辨針影劃過的弧線長度來判斷相應的時間跨度。

我們的先祖最早就是以天赤道為基準來設計二十八星宿，以便於日常的觀星計時。在當時找到天赤道的方法是：透過觀測那些從正東方升起的星宿（觀測每個星宿中的星官），並將這些星宿做一連線，於是就能找到一個完整的天赤道圓周。而要確定正東正北等四方方位也不難，只需借助一些簡單的工具就可辦到。

《淮南子．天文訓》云：「正朝夕：先樹一表東方，操一表卻去前表十步，以參望日始出北廉。日直入，又樹一表於東方，因西方之表以參望日，方入北廉則定東方。兩表之中，與西方之表，則東西之正也。」意思就是在以 10 步為半徑的圓弧上移動表桿測日出、日入位置，連線得到正東方向（見圖 2.4）。

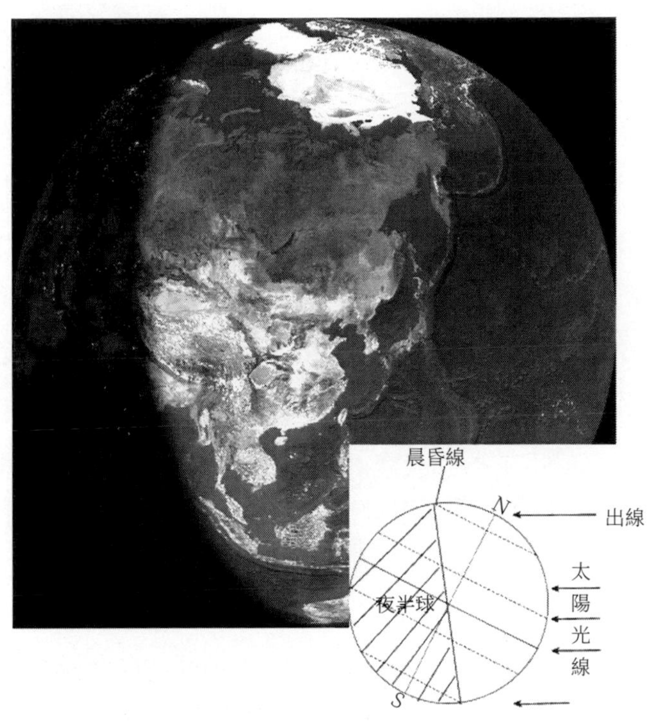

圖 2.3　晨昏圈晨昏線

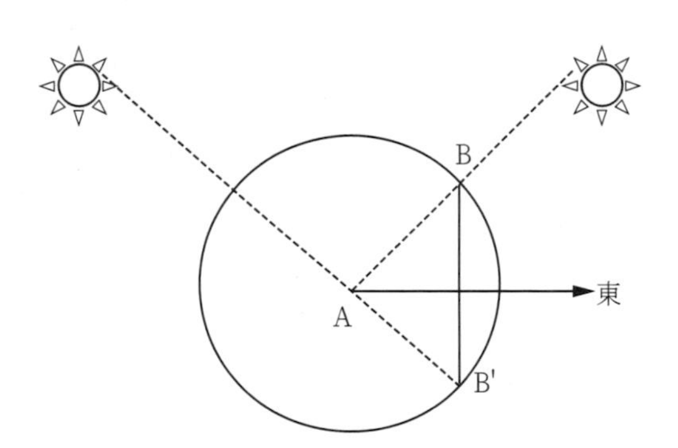

圖 2.4　《淮南子・天文訓》中測定方位示意圖

在確定了正東後，正南正北所在的子午線就能確定；如果需要進一步精確的話，則在正午時透過測量表影是否最短來進行更精確的矯正。在確定了子午線後，可將日晷的晷針沿著與子午線平行的方向排列。然後在黃昏時，在正東方的地平線上尋找代表性亮星（如心宿二、婁宿二等），透過觀測它們在夜空中的軌跡，即可大致規劃出天赤道所在的平面與地平面的夾角。將日晷的晷面與天赤道所在的平面保持平行，並以此角度至於地平上；再將晷針與晷面保持垂直，同時依然保持與子午線的平行。如此一來，一套「日晷—子午線」天文系統就完成了。此時的日晷晷面與真實的天赤道平面未必保持完全平行、晷針所指也未必是北極點，需要對日晷進行精確校正後才能達到正確報時的作用。要進行校正也不難，只需在白天定時測量晷針針影的長度，直到確定無論在一天內的哪個時間裡，針影的長度始終一致——這時就可確認日晷的晷面與天赤道平行、晷針所指為北極點。

在確定了天赤道後，就需要確定天赤道各星宿之間的宿距。古人建立了一套以北天極為原點、天赤道為 0 緯度的經緯線體系。透過這套體系的劃分可以確定各星宿在天赤道體系中的位置。

2·黃道

黃道是地球繞太陽公轉的軌道平面與天球相交的大圓，是地球上的人看太陽於一年內在恆星之間所走的視路徑（apparent path），即地球的公轉軌道平面和天球相交的大圓。簡單地來說，地球一年繞太陽轉一圈，我們從地球上看太陽一年在天空中移動 365 圈或 366 圈，太陽這樣移動的路線叫做黃道。太陽在天球上的「視運動」分為兩種情形，即「週日視運動」和「週年視運動」。「週日視運動」即太陽每天的東昇西落現象，這實質上是由於地球自轉引起的一種視覺效果；「週年視運動」指的是地球公轉所引起的太陽在星座之間「穿行」的現象。

如圖 2.5 所示，此為北迴歸線以北、北極圈以南地區的太陽「週日視運動」軌跡：圖 2.5(a) 中間的那個半圓軌道是每年春分和秋分那兩天中，太陽在白天運動時所走的（視）軌道；在兩頂端的兩個半圓軌跡分別是夏至和冬至那兩天的太陽（視）運行軌跡，其中上頂端（C 點）的是夏至軌跡圈（先秦時稱為「日北至」），下底端（A 點）的是冬至軌跡圈 (先秦時稱為「日南至」)；而在夏至軌跡圈和冬至軌跡圈之間，分布著太陽其他各天的（視）運行軌跡，從夏至到冬至的過程中此軌跡圈逐日下移（C → B → A）直到冬至時到達底端，而從冬至到夏至的過程中此軌跡圈逐日上移（A → B → C）直到夏至時到達頂端。所有軌道圈的集合就是黃道。

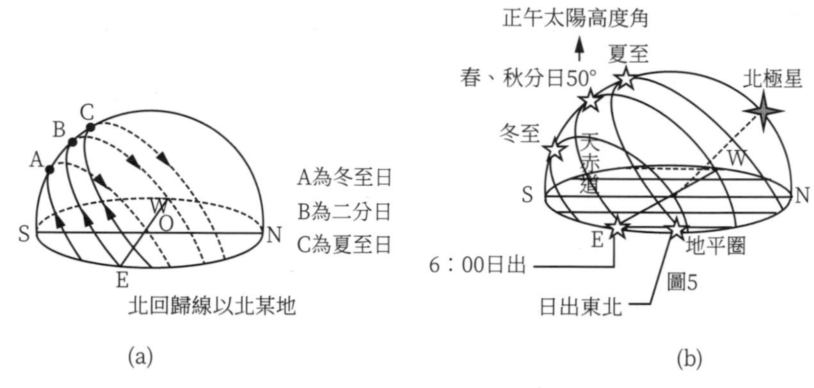

圖2.5　圖(a)是太陽的週日視運動；圖(b)是一年中不同地點（北極星高度為地理緯度），當地正午時太陽的高度角的變化

但這樣的黃道顯然過於龐雜，於是天文學把太陽在地球上的週年視運動軌跡，即太陽在天空中穿行的視路徑的大圓，稱為「黃道」，也就是地球公轉軌道面在天球上的投影（主要考慮太陽的週年視運動，當要求高精度的觀測時再把週日視運動的影響考慮進去）。黃道是在一年當中太陽在天球上的視路徑，就是看起來它在恆星之間移動的路徑，明顯的也是地球在每年中所經過的路徑。因此，黃道也跟天赤道一樣，被古人用（觀測）恆星來標注，其中最著名的黃道體系就是西方的「黃道十二宮」。

中國的二十八星宿起初是天赤道體系，但隨後逐漸向黃道體系轉變。為何古人要做如此改變呢？這主要的原因還是來自於觀測太陽的需求。

之前分析創造北天極和二十八星宿紀日體系的原因時就解釋了，其主要作用就在於以星象標記太陽的運行軌跡。而最早的天赤道二十八星宿體系反映的是以北天極為旋轉中軸所在的天球運行軌跡，它與太陽運動軌跡之間還是有不小的差異的。由於太陽在全年中每天的日出位置也是一直變化移動的，並不像天赤道那樣初升點始終位於正東方，因此必須對天赤道二十八星宿體系做相應改造，才能反映出日出位置的年內變化。將全年的日出位置相連接，就得出了「黃道」；今天我們所通用的二十八星宿體系就是基於此目的而被改造出的黃道二十八星宿體系。

另外，因為地球自身所作的「歲差」運動也會造成二十八星宿與天赤道的分離。所謂「歲差」，在天文學中是指一個天體的自轉軸指向因為重力作用導致在空間中緩慢且連續的變化(圖 2.6)。具體到地球上來說，就是地球自轉的地軸也不是固定不動的，而是受太陽、月亮等其他星體的引力牽引，圍繞北南黃極所形成的軸線，作週期性的旋轉；而這個自轉的週期約為 25,771 年。

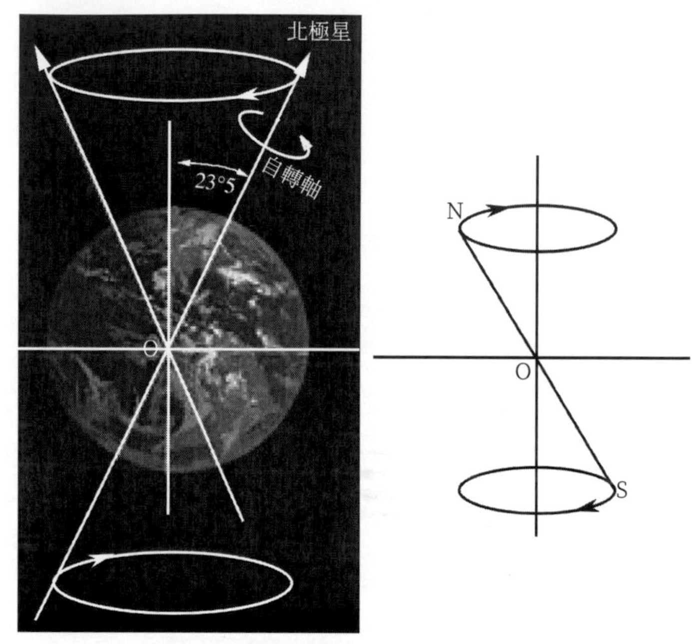

圖 2.6　歲差就是由於太陽、月亮和大行星對地球的引力作用（主要在赤道面）而產生的「固體潮」，造成的北天極繞著「北黃極」的緩慢的週期性圓周運動

歲差運動對站在地面上仰觀天文的最大影響就是：每過幾百年，天上的恆星就會整體偏離一定的經緯度。所以在原始二十八星宿體系被發明後的幾百年，人們會發現二十八星宿會逐漸遠離天赤道，其中最明顯的案例就是：在西元前 1800 年後，天赤道不再從婁宿二與婁宿三之間穿過，而是偏出了婁宿，婁宿不再「摟抱」天赤道。因為歲差運動的週期在 25,000 年以上，所以在三五年內，若非借助精密的天文觀測儀器，僅憑人的雙眼是無法觀測到的。縱觀歷史，無論古希臘的喜帕恰

斯，還是中國西晉的虞喜，都是透過比對前人留下的天文觀測資料與他當時所觀測到的天象，才發現了「歲差」的存在（圖2.7）。而在4,000年前的上古，限於當時簡陋的天文觀測條件，即使看到了天赤道的偏離，也難以發現歲差的存在。最早發現「歲差」現象的是中國人虞喜，隨後古希臘的喜帕恰斯也同樣在分析前人天文觀測的基礎上，發現了「歲差」現象。「歲差」對人類生活最直觀的影響就是，似乎永遠不動、不變的北極星，也會因為歲差的影響而不斷地變換角色。目前的北極星是小熊座α，4,000年前，這一「榮耀」是歸屬於天龍座α。而大約12,000年之後，我們熟悉的織女星（天琴座α）將榮登北極星的寶座。

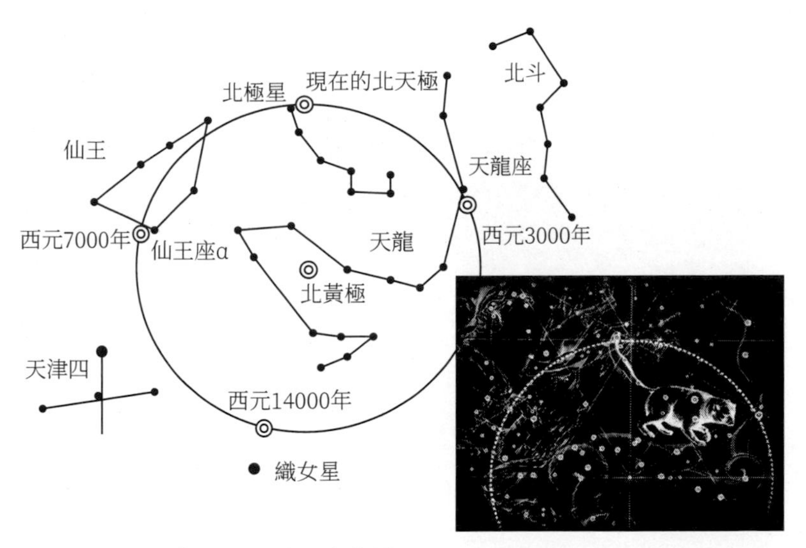

圖2.7　「歲差」影響星座位置

而相比於天赤道，黃道雖然也受歲差運動的影響，但其影響不如天赤道這樣明顯。以天赤道為基準的話，會發現恆星的整體北移，各星宿與天赤道之間的距離都發生了長短不一且不成比例的變化；而以黃道為基準的話，會發現各星宿與黃道的距離幾乎從來不變，只是各星宿出現在夜空中同一位置的時間不斷延後罷了。因此，從天文觀測的實用性來看，黃道體系比天赤道體系穩定得多，黃道宿距幾乎是固定不變的。古巴比倫早在 4,000 多年前就出現了黃道，古希臘沿用其黃道並創立了「黃道十二宮」；同樣，雖然華人的二十八星宿是天赤道體系，但在長時間使用後發現了天赤道體系的顯著變化和黃道體系的相對穩定，從而改用黃道體系。

3．白道

白道 (Moon's path) 是月亮運行的軌道。是指月球繞地球公轉的軌道平面與天球相交的大圓 (見圖 2.8)。

4．銀道

銀道，就是太陽繞銀河系中心轉動所運行的軌道 (見圖 2.9)。如果說很多人沒聽說過「白道」的話，更多的人不知道「銀道」。透過銀道而建立的銀道座標系，主要用來研究銀河系以及宇宙總體的運動情況。

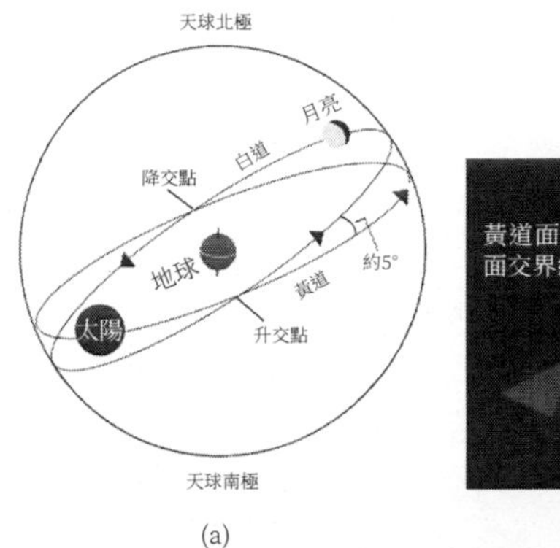

(a)

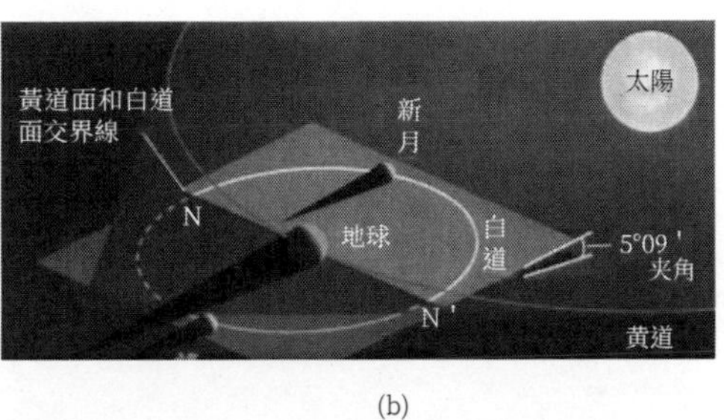

(b)

圖 2.8　圖 (a)：白道是月球繞地球運動的軌道，它與黃道面有一個大約 5°的夾角；圖 (b)：由於這個夾角的存在，使得並不是太陽、月亮、地球成為一線時，就必定發生日月食

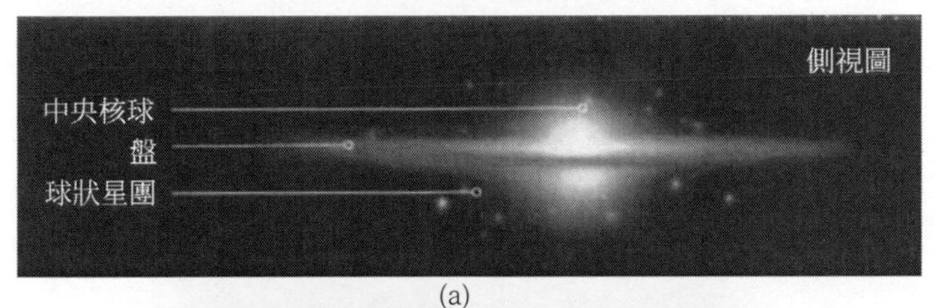

(a)

(b)

圖 2.9　圖 (a)：銀河系的側面圖，「盤」是指銀河系的渦旋盤面圖 (b)：太陽在盤面上距離「銀心」2.6 萬光年的位置上，以 2.5 萬年的週期作圓周運動

銀道面就是銀道所在的平面。天球上沿著銀河畫出的一個大圓稱為銀道，與銀河的中線非常接近。銀河是銀河系主體部分在天球上的投影。銀道面也是銀河系的主平面。以銀道面作為基本平面的座標系稱為銀道座標系。

2.1.2 北斗七星與北極星

我們的認星從北極（星）附近開始，理由是這裡大部分的星星都處於北半球居民的「恆顯圈」裡。夜裡出現的機會最多，最容易被大家辨認。由於位於天空的「中央」受週日視運動的影響很小，所以，在東方的星空體系裡，這裡是「紫微垣」（見圖 2.10）——天上的皇宮，星名也從天帝到皇宮裡的各種人員應有盡有。在西方 88 星座體系中，主要包括的星座有：大熊星座、小熊星座、天龍座、仙后座（見圖 2.11）以及仙王座、鹿豹座和天貓座等。

1．北斗七星和北極星

注意啦，這是我們「星星證照」等級的開始。「星星證照 1 級」需要你最少認識十顆星，這裡包括北斗七星加北極星一共 8 顆，再加上你的「本命星座」的主星（一般是最亮的那顆，後面我們會在黃道十二星座中介紹），比如，你是雙子座的，最亮的就是雙子座 β。再加上「四大天王」的一顆星。

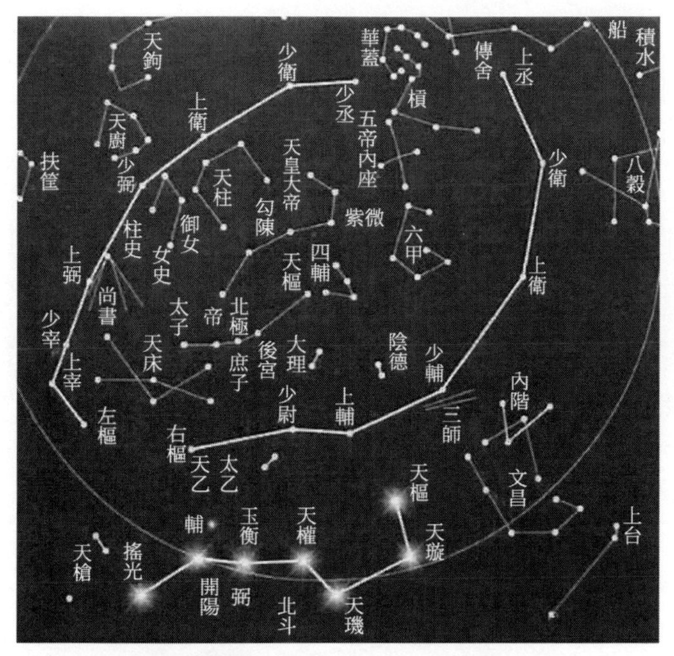

圖 2.10　紫微垣天區圖

圖 2.10 最下方為北斗七星，圖中由「左樞」、「右樞」開始的兩道「垣牆」就是「紫微右垣」和「紫微左垣」。圖中的「北極」星是宋代時期對應的北極星，當前的北極星為「勾陳一」(圖中為紫微星)。其他有「天皇大帝」星、「帝」星、「太子」星、「後宮」星等皇親國戚，還有配合皇帝統治的「尚書」星、「大理」星以及為皇宮服務的「御女」和「女史」星、「天廚」和「天牢」星等。

從北斗七星開始。那怎麼去認識北斗七星呀？這個還真的沒什麼能參考，實際上它似乎也不需要。你一抬頭，向北看，北斗七星就在那裡了（見圖 2.12(a)）。真的需要其他天體對照的話，可以選擇斗柄上的三顆星——玉衡、開陽和搖光（圖 2.12(b)），就是大熊星座的 ε（玉衡：1.76 等）、ζ（開陽：2.40 等）和 η（搖光：1.85）星。選擇它們的理由來源於先秦時期的一本書《鶡冠子》，其中講道：斗柄東指，天下皆春；斗柄南指，天下皆夏；斗柄西指，天下皆秋；斗柄北指，天下皆冬（圖 2.12(c)）。雖然這是 3,000 年之前的天象，但是現在來看作為找到北斗七星的參考，還應該是足夠可用的。

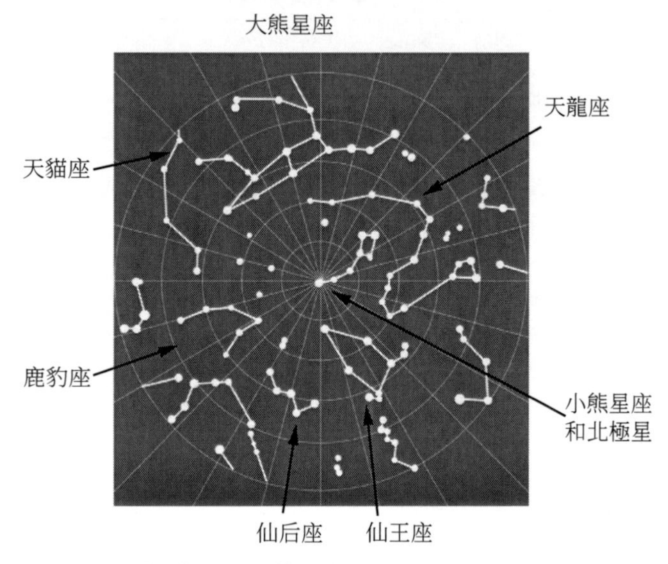

圖 2.11　圍繞北極星周圍的星座

北斗七星由天樞、天璇、天璣、天權、玉衡、開陽、搖光組成。古人想像天樞、天璇、天璣、天權組成斗身稱「魁」；玉衡、開陽、搖光為斗柄稱「杓」。從斗身上端開始，到斗柄的末尾，按順序依次命名為大熊星座的α、β、γ、δ、ε、ζ、η星。斗柄按季節指向東南西北。

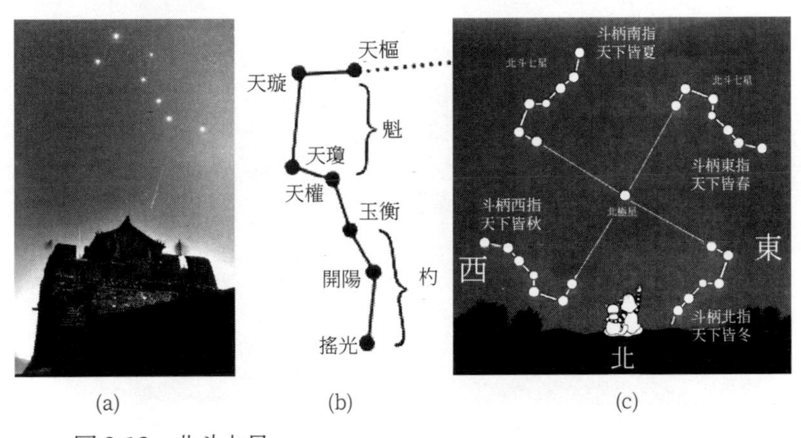

(a)　(b)　(c)

圖 2.12　北斗七星

找到北斗七星只是我們認星的開始，接下來我們要「靠它們」去找到全天最重要的北極星。其實也很簡單，北斗七星在大熊星座，斗是大熊的屁股、柄是大熊的尾巴，斗身上端的兩顆星也是大熊星座的α和β星，也就是說是大熊星座中最亮和次亮的兩顆星，把它們連線，然後沿著這個方向延長五倍，你就看到北極星了（見圖 2.13），它也是小熊星座最亮的星（α星、2.02 等）。而大熊星座的α（天樞、1.81 等）和β星（天璇、2.34 等）被稱為「指極星」。

北極星的中國星名叫勾陳一或北辰，距離我們約 400 光年。它是目前一段時期內距北天極最近的亮星，距極點不足

1°，因此，對於地球上的觀測者來說，它好像不參與週日運動，總是位於北天極處，因而被稱為北極星。

圖 2.13　「指極星」和北極星以及「正北」方向

利用「指極星」尋找北極星應該是比較容易的，但是在緯度較低的地區，到了秋冬季之後，就幾乎看不到北斗七星了。那怎麼辦？看看北極附近的星空，我們發現還有一組亮星，正好相對北極星與北斗七星對稱，這就是仙后座 5 星的「W」星組（見圖 2.14）。仙后座中最亮的 β（王良一：2.28 等）、α（王良四：2.24 等）、γ（策星：2.47 等）、δ（閣道三：2.68 等）和 ε（閣道二：3.38 等）五顆星構成了一個英文字母「W」或「M」的形狀，這是仙后座最顯著的標誌。

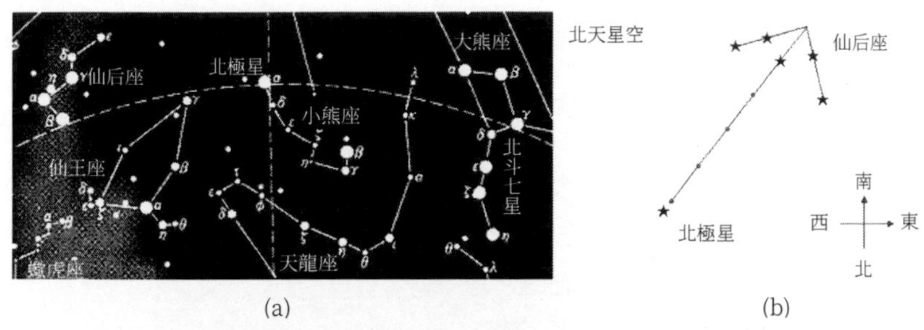

(a) (b)

圖 2.14 將仙后座 δ 和 γ 星連線的垂線延長 5 倍，那裡就是北極星。將 α 和 β 以及 ε 和 δ 星分別連線，兩條線的交點連接「W」形中間的 γ 星，然後將這個連線延長 5 倍，也可找到北極星。(b) 圖中「W」五星從左到右為：β、α、γ、δ 和 ε 星

2．紫微垣的兩道「垣牆」

仙后座的幾顆星還構成了紫微垣「垣牆」的一部分。《宋史．天文志》：「紫微垣在北斗北，左右環列，翊衛之象也。」左垣八星包括左樞（天龍座 η：3.28 等）、上宰（天龍座 ζ）、少宰（天龍座 ε）、上弼（天龍座 δ）、少弼（天龍座 λ）、上衛（天龍座 73）、少衛（仙王座 π）、少丞（仙后座 23）；右垣七星包括右樞（天龍座 α：3.65 等）、少尉（天龍座 θ）、上輔（天龍座 i）、少輔（大熊座 24）、上衛（鹿豹座 43）、少衛（鹿豹座 9）、上丞（鹿豹座 BK）（見圖 2.15）。15 顆星對應 88 個星座中的天龍、仙王、仙后、大熊和鹿豹座等。其中，兩垣牆最亮的左樞和右樞，想領「星星證照」7 級以上的人需要懂得如何辨認，否則只需要認清「垣牆」走向就好了。

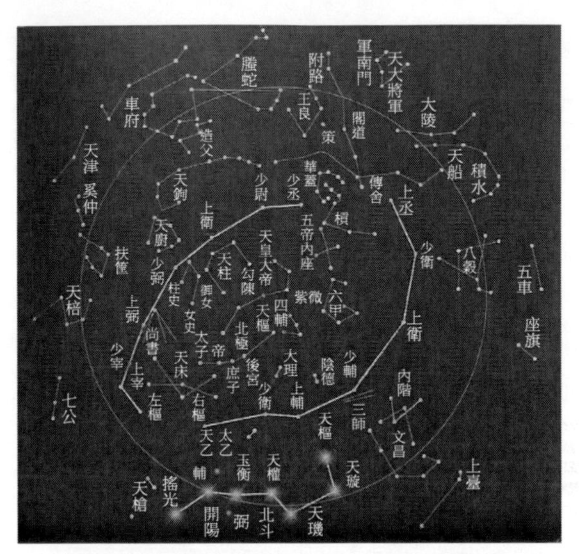

圖 2.15　紫微垣的兩道「垣牆」

用一條想像中的線條將它們連接在一起，象徵著皇宮的宮牆。垣牆上開有兩個門，正面開口處是南門，正對著北星的斗柄。垣牆的背面是北門，正對著奎宿的方向。組成垣牆的每顆星都是由周代時期所用的官名所命名。細看這些官名，它們是由丞相率領的，一些負責保衛皇宮安全的侍官和衛官，及負責皇家家政內外事務的宰相和輔弼組成的，並且外加了一名少尉。因為他是由國家派駐，專門負責皇宮刑獄的司法官。

3．「北極五星」和「勾陳六星」

紫微垣之內（見圖 2.16）是天帝居住的地方，是皇帝內院，除了皇帝之外，皇后、太子、宮女都在此居住。

在紫微垣的垣牆內有兩列主要星宮，其中一列是「北極五星」，天樞星（北極五：5.40 等）是第一顆，屬於鹿豹座，它是 3,000 年前的北極星。在它邊上有四顆呈斗形的星把它圍起來，那是「四輔」。而南面有一串小星，第一顆就是後宮（小熊座 4：4.82 等），也就是傳說中的王母娘娘，再往南是庶子（小熊座 5：4.25 等）、帝星（小熊座 β：2.07 等，1,000 年前的北極星）和太子（小熊座 γ：3.0 等）。另一列是勾陳六星：勾陳一（北極星）、勾陳二（小熊座 δ：4.85 等）、勾陳三（小熊座 ε：4.2 等）、勾陳五（仙王座 43：4.0 等）、勾陳六（仙王座 36），被勾陳中呈勾狀的四顆星（六、五、一、二）所包圍的一顆小星，稱為天皇大帝（仙王座）。勾陳一是近代所使用的極星，也是這兩列星中最顯著、比較明亮的星。另外在垣牆內還有服侍天帝的「御女四星」，代表天帝在不同方位（東西南北中）上的座位的「五帝內座」等等。在紫微垣的垣牆外分布著供皇宮中使用的一些設施，比如天廚和內廚兩個廚房、睡覺用的天床、關押犯人的天牢、文官們的所在地文昌宮（星）、天帝出行時用的帝車（北斗七星）等。

圖 2.16　紫微垣之內有「北極五星」、「勾陳六星」和「文昌星」

4．大、小熊星座

大、小熊星座可以說無論中外都很有名。東方星空體系中的「魁」宿、文昌（曲）星，以及「三台星」都在大熊星座（見圖 2.17）。魁就是為首、居第一位的意思：魁首。在中國古代科舉制度中，考中狀元就稱為——奪魁！魁星又稱為北斗星中第一星（應該是作為魁宿的星官），一般是指四顆斗星。

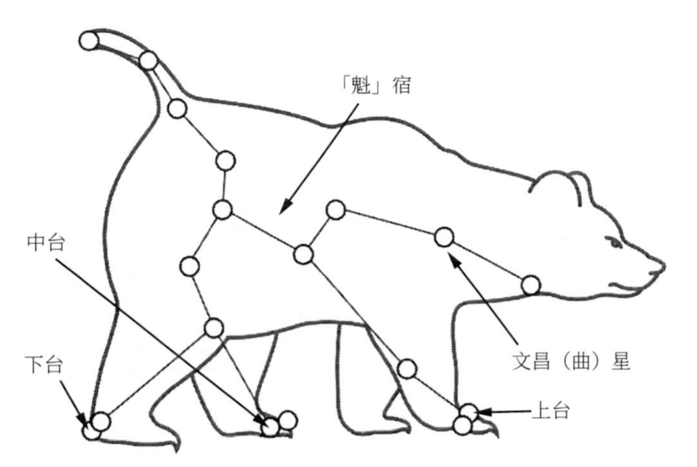

圖 2.17 大熊星座。「魁」宿、文昌（曲）星和「三台星」。「魁」宿四星很亮，文昌和「三台星」都很暗。認識它們也需要 7 級以上

文昌星，是文運的象徵，原本是星宮名稱，不是一顆星，共六星組成，形如半月，位於北魁星前（見圖 2.16），因其與北魁星同為主宰科甲文運的大吉星，所以容易跟文曲星混為一體於同魁而分不清。實際上，原來文曲星是指北魁星中的其中一顆星，而文昌星則是六顆星的總稱，都在大熊星座。現在多是將文昌一（大熊座 ν 星，在大熊脖子上，見圖 2.17）單星或者文昌一到三（組成熊頭的三顆星，大熊座 ν、υ、θ 星）指做是「文昌星」。也因為文昌星與北魁星很是異曲同工而同稱為文昌斗魁。同時，二十八星宿中的西方奎星，也因主宰科甲文運而稱文昌奎星。

三台亦稱三能。共 6 星，分上台、中台、下台，三台各 2

星順次為大熊座 ι、κ；λ、μ；ν、ξ（見圖 2.17）。西邊靠近文昌的兩顆星，叫上台，是司命，掌管壽命；接下來的兩顆星叫中台，是司中，掌管宗族家室；東邊的兩顆星叫下台，是司祿，掌管軍隊。又認為三台是天階，太一大帝踩著它用來上下出入大臣們辦公的太微垣。還有一種觀點認為是泰階，象徵地位。上階的上星是天子，下星是女王；中階的上星是諸侯三公，下星是卿大夫；下階的上星是士，下星是庶人。

在西方國家的 88 星座中，大小熊星座則對應著一個美麗的神話故事。月神，同時也是狩獵女神阿提米絲（Artemis）周圍的仙女中，卡利斯托（Callisto）是最動人的一個。她有著溫柔美麗的外表和剛毅的性格。她最喜歡的就是身穿獵裝去追逐野獸。一個炎熱的夏日，卡利斯托追趕野獸來到林間一片空地。她又熱又累，便躺倒在草地上，很快就沉沉地睡去了。這一切，全被正巧路過的宙斯看到了。茵茵綠草上躺著如此美麗的卡利斯托，宙斯不由得從雲間飛下來，搖身一變，化作了阿提米絲的形象。他悄悄地走近卡利斯托，把她抱在懷中。卡利斯托從夢中驚醒，在這人跡罕至的地方見到阿提米絲，心裡有說不出的高興。正要站起來和阿提米絲繼續去狩獵，宙斯突然現出原形。可憐的卡利斯托拚命反抗，可是無濟於事……宙斯得意地返回了天宮。後來卡利斯托發覺自己懷孕了，不久後她生下了一個男孩，為他取名叫阿卡斯（Arcas）。天后希拉（Hera）耳聞此事，她發誓要用法力好好懲罰一下卡利斯托（居然不懲罰自己的老公！），讓她知道知道天后的威嚴。希拉施展法術，將天使般的卡利斯托化作了一隻大熊。十五年過去了，小阿卡斯長成了年輕漂亮的小夥子，成為了一名出色的獵手。一天，阿卡斯手持長槍，正在林中尋覓獵物。忽然，一隻大熊緩緩向他走來。這隻熊就是卡利斯托。她認出了面前這個勇武的獵人正是自己十五年來朝思暮想的小阿卡斯，她激動地跑上前去要擁抱她的寶貝。天哪，阿卡斯怎麼會想到眼前的大熊會是他的母親！見到一隻這麼大的熊向他撲來，他趕緊舉起長矛，用盡全身力氣就要向大熊刺去。眼看一幕慘劇就要發生了。好在此時正在天上巡行的宙斯看到了這一幕，他實在不忍心讓自己的兒子親手殺害他的母親。於是他把阿卡斯變成了一隻小熊。這樣一來，小阿卡斯立刻就認出了媽媽。他親熱地跑過去，依偎在母親的懷裡，母子倆幸福地團聚了（見圖 2.18）。宙斯為了使這母子兩人不再受苦，就把他們變成星座升上天空，在眾星之中給了他們兩個榮耀的位置，這就是大熊星座和小熊星座。

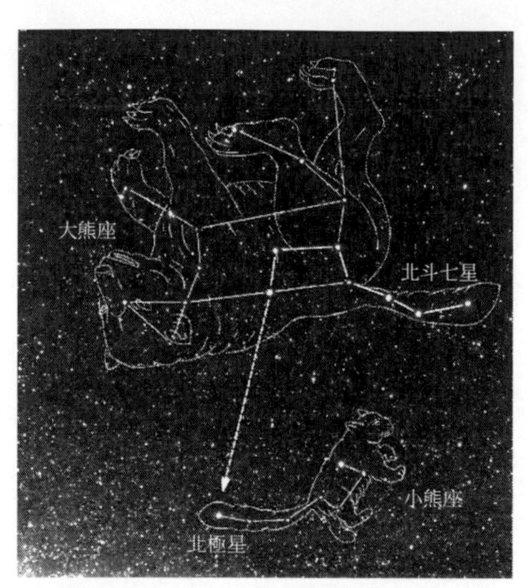

圖 2.18　歡快的小熊正在撲向大熊媽媽的懷抱

5．天龍座、仙后座

天龍座看起來的確像一條蛟龍彎彎曲曲地盤旋在大熊座、小熊座與武仙座之間，所跨越的天空範圍很廣（圖 2.19(a)）。天龍座是全天第 8 大星座，長長的龍身圍繞著北極星半圈，每年 5 月 24 日子夜天龍座的中心經過上中天。

關於天龍座我們關心的有三件事，第一件就是兩顆星：天龍座 α 和 γ，前者是 4,000 年前的北極星，後者是天龍座裡最亮的一顆星，也恰好標示出龍頭來；第二件就是天龍座流星雨（圖 2.19(c)），是全年十大著名流星雨之一。

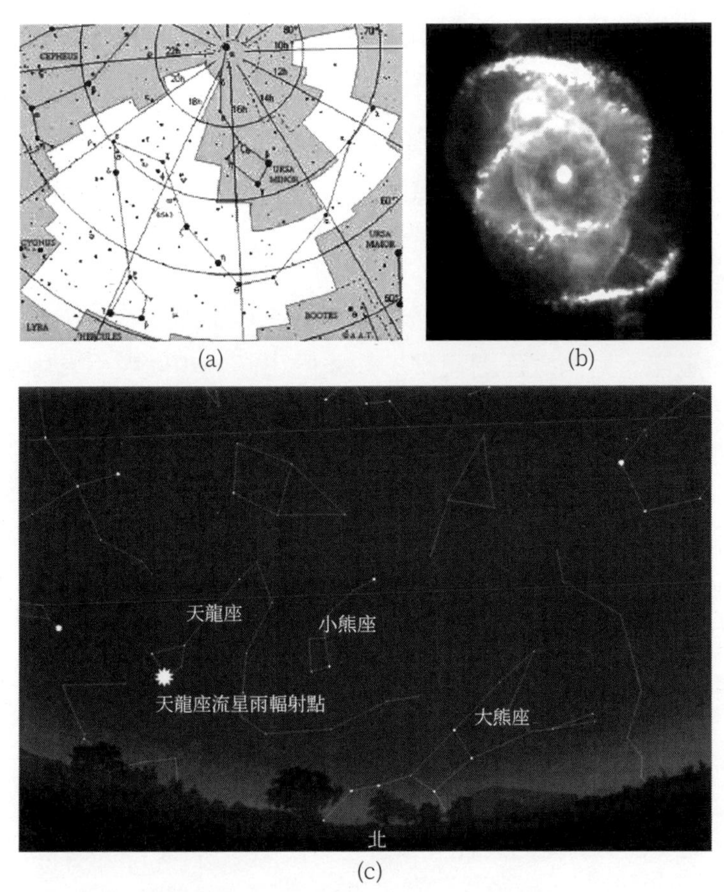

圖 2.19　天龍座的三件事，星座、星雲、流星雨

一般出現在每年 10 月初，最佳的觀測日期在 10 月 8 ～ 10 日。天龍座流星雨曾在 1933 年和 1946 年出現了兩次特大爆發；第三件就是編號 NGC6543 的貓眼星雲（圖 2.19(b)），它有一顆中心亮星，卻不易觀察到。由於亮星周圍包裹著一圈很明亮的

藍綠色氣體殼，樣子看上去酷似貓眼，所以這個星雲叫做貓眼星雲。貓眼星雲是一個典型的行星狀星雲，距離我們約 3,000 光年，是一顆類太陽恆星在生命的最後階段（超新星爆發）所呈現的美景。行星狀星雲是中心快要死亡的恆星一次次向外噴發物質形成的美麗殼層圖案。

仙后座可以幫助我們找到北極星，它本身也是一個亮星很多的星座。用肉眼仔細觀察，你能數出超過 100 顆，其中最著名的就是那個「W」（見圖 2.20）。

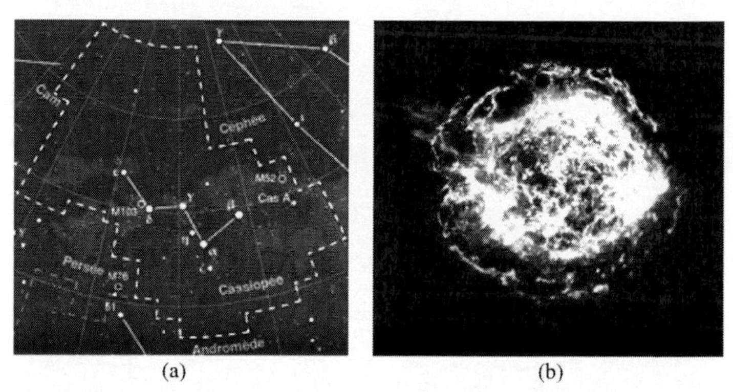

圖 2.20　(a) 仙后座所在的天區、(b) 仙后座 A 超新星爆炸後留下的殘骸

仙后座還是第谷（Tycho Brahe）在 1572 年發現超新星的所在地，從那一年的 11 月開始，這顆超新星的亮度一度超過了金星，一直持續了 17 個月才變得肉眼不可見。但是，歷經 380 多年之後，利用超級望遠鏡，我們又拍到了這個超新星爆炸的殘骸。令人激動的是，它是那麼美麗漂亮。疏散星團 M52

(NGC 7654，NGC 表示星雲星團總表) 是位於仙后座的一個梅西耶星體，可以使用雙筒望遠鏡看到。

6．星數小結

北極附近的星空還有仙王座、鹿豹座、天貓座等，由於沒有很亮的星，也不具備太好聽的傳說故事，所以，對於一般的天文愛好者，我們可以先行忽略。如果你想升格為天文達人，那你自己也能找到認識它們的辦法。我們這裡先就我們已經「裝到腦袋裡」的星星，做個小結吧！

北斗七星加上北極星，是 8 顆了。對應於北極星的仙后座「W」五星，仙后座的 α、β、γ、δ 和 ε，對應東方星名：王良四、王良一、策星、閣道三和閣道二。這就是 13 顆星了。它們基本屬於「星星證照」1 到 3 級的人需要認識的星星。

紫微垣左垣八星：左樞、上宰、少宰、上弼、少弼、上衛、少衛、少丞，對應西方星座名為，天龍座 η、ζ、ε、δ、λ、73、仙王座 false、仙后座 23；右垣七星：右樞、少尉、上輔、少輔、上衛、少衛、上丞。分別對應於天龍座 α、θ、i、大熊座 24、鹿豹座 43、9、BK 星。對於這 15 顆星，初學者只需要能認清楚「牆垣」的走勢就好了，至於辨認它們，那基本上是「星星證照」7 級以上的事情了。這樣加上前面的 13 顆，我們差不多認識 28 顆星星了。

北極五星：天樞（天一、太一）、後宮、庶子、帝星、太子分別對照的是鹿豹座、小熊座 4、小熊座 5、小熊座 β 和小熊座 γ 星。勾陳六星對應的是小熊座 α、δ、ε、ζ、仙王座 43、仙王座 36。這樣，我們就又多認識了 11 顆星。

大小熊星座，能夠增加的星星包括「三台星」的 6 顆星和文昌（曲）星的一顆或者六顆星。三台按上、中、下各 2 星順次為大熊座 ι、κ；λ、μ；ν、ξ。文昌（曲）星一般是指大熊星座 ν 星。這裡我們可以再加上 7 顆星。

天龍座裡，α 星我們已經認識了，天龍座 γ 是天龍的「頭」，也是星座中最亮的那一顆，值得你認識一下。然後再注意到天龍座流星雨和 NGC6543 貓眼星雲的話會更棒。仙后座的五顆主星（W）我們已經在認識北極星時找到了，接著再認識 M52 星團就好了。

總結下來，8+5+15+11+7+1=47，再加上兩個梅西耶天體就是 49 了。「星星證照」10 級的標準是認識 100 顆以上的天體，你在認識北極星附近天體的過程就差不多完成任務的一半了，是不是很有成就感？我們繼續！

2.1.3　黃道星座

從「需要」的角度來說，大家最想認識的星（座），除去北極星、北斗七星等，就應該是黃道十二星座了。如果說北極附近的星空（故事）是東方的星官體系獨領風騷；黃道上那肯定就是西方的十二星座了。因為它們都有美麗的故事，還被星相學家賦予了許多東西，諸如性格、前途、婚姻等等，總之你關心自身的什麼，他們就為你「設想」什麼。

由於「星星證照」等級的需要，所以在介紹黃道十二星座時，我們會為你「循序漸進」地講解。針對每個星座，先給出它的 1 顆「主星」，然後給出它的「代表星」2 ～ 3 顆，最後給出星座的「形狀星（能構成星座基本形象）」若干顆。最後，我們還是會做「星數小結」的。

1．白羊座

維奧帝亞國王阿塔瑪斯和王妃涅斐勒結婚，兩人生了一對雙胞胎，但國王卻和底比斯的公主伊諾有段婚外情，要將涅斐勒王妃趕出宮，而迎立伊諾為新王妃。當伊諾有了自己的孩子後，就決定要殺死前王妃涅斐勒所留下的一對雙胞胎（哥哥佛里克索斯，妹妹赫勒）。她收買占卜師向國王告狀：若不將前王妃所生的孩子送給宙斯當祭品，眾神將大怒，今年將鬧饑荒。涅斐勒知道後就向宙斯求救，於是宙斯就派天上的黃金白羊去載這兩兄妹到天上。因上升速度太快，妹妹跌落大海，白羊就一邊回頭看妹妹，一邊守護著哥哥，而形成現今的白羊座。這是黃道上的一個小星座，但它的 3 顆最亮的星，α（婁宿三：2.01 等）、β（婁宿一：2.64 等）和 γ（婁宿二、3.88 等）還是比較明亮的。

白羊座是黃道第一星座，位於金牛座西南，雙魚座東面。每年 12 月中旬晚上八九點鐘的時候，白羊座正在我們頭頂。秋季星空的飛馬座和仙女座的四顆星組成了一個大方框，從方框北面的兩顆星引出一條直線，向東延長一倍半的距離，就可以看到白羊座 α 和 β 星了。

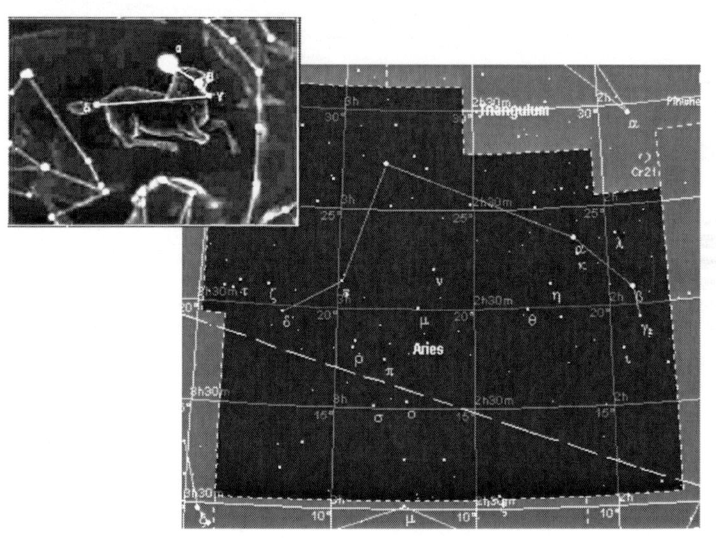

圖 2.21　白羊座星圖

圖 2.21 中白羊座構圖上似乎有些「牽強」，α、β、γ 三顆星算是頂起來的「羊頭」。實際上，對於「奮勇向前」的白羊座來說，最重要的也就是「羊頭」。

白羊座看上去太小、太暗，但它是2,000年以前的春分點所在的星座，現在的春分點已經移到雙魚座。每年約4月18日到5月14日太陽在白羊座中運行，黃道上的穀雨和立夏兩個節氣點就在這個星座。

白羊座的「主星」當然是α星了，「代表星」建議去認識α、β和δ，這樣可以把羊頭和羊尾串連起來。還有就是白羊座γ星，1664年英國的虎克（Robert Hooke）確認它是雙星，這是望遠鏡時代到來以後，人類最早確認的雙星之一。兩顆子星都是白色的，亮度相同（+4.5等）相距7.8角秒。你仔細一點就很容易辨認。

2·金牛座

希臘國王菲尼克斯有位美麗的公主歐羅巴。有一天，公主和侍女們到野外摘花、玩耍，突然出現一隻如雪花般潔白的牛，以極溫柔的眼光望著歐羅巴，其實這隻牛是仰慕公主美色的宙斯變的。一開始公主只是走向溫馴的牛身旁，輕輕地撫摸它。由於公牛顯得非常乖巧而溫馴，於是公主就放心地爬到牛背上試騎。忽然間牛奔跑了起來，最後跳進愛琴海。公主緊抱著牛，海裡生物皆出來向宙斯行禮，公主終於知道牛是宙斯的化身，到了克里特島後，就和宙斯舉行婚禮，化身為牛的宙斯和歐羅巴公主過著幸福的日子。

金牛座最佳觀測月分是 12 月到 1 月。在西元前 3000 年，金牛座 α 星（畢宿五、0.85 等、全天第十三亮星）是天空中二分二至點的標識（星）。它和同樣處在黃道附近的獅子座 α 星（軒轅十四）、天蠍座 α 星（心宿二）和南魚座 α 星（北落師門）在天球上各相差大約 90°，正好每個季節一顆，它們被合稱為黃道帶的「四大天王」。這顆明亮的大星代表公牛的眼睛。它把人們的視線引向畢星團，它們構成的 V 字形代表公牛的頭（見圖 2.22）。

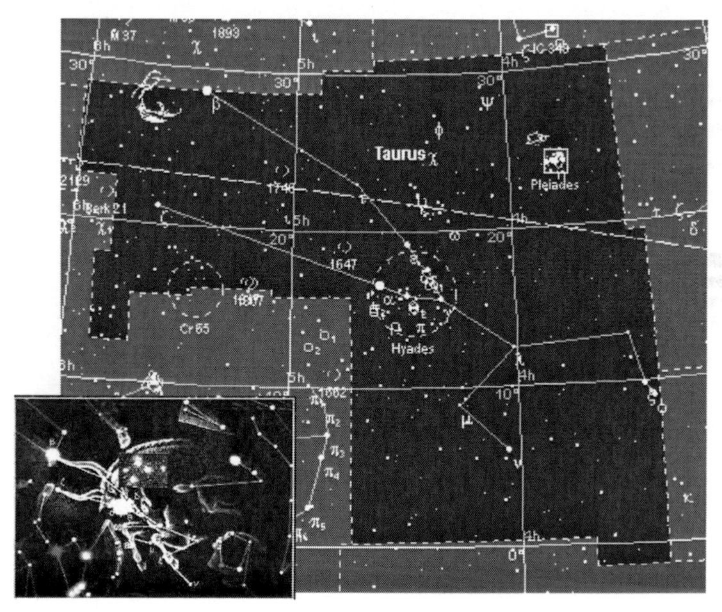

圖 2.22　金牛座星圖

尋找金牛座，可以從冬季星空的「冬季六邊形」開始。找到其中的畢宿五，它就是金牛座的「主星」。「代表星」是它再加上 β（五車五、1.65 等）和 ζ（天關星、2.97 等）組成金牛的兩個犄角；λ（畢宿八、3.41 等）和 γ（畢宿四、3.63 等）、ξ 星（天廩三、3.73 等）是金牛的兩條「前腿」。金牛座 λ 星是一個食變雙星，在 3.95 天的光變週期中，星等在 +3.4 ～ +4.1 等之間變化。

金牛座 α 星和它周邊的畢星團是牛眼、牛頭，兩個伸出去長長犄角的頂端是 β 星和 ζ 星。再進一步的話，你可以去注意分開兩條前腿的 λ 星，以及兩隻腳上的 γ 星和 ξ 星。

金牛座中最有名的天體，是「兩星團加一星雲」。連接獵戶座 γ 星和畢宿五，向西北方延長一倍左右的距離，有一個著名的疏散星團——昴星團。眼力好的人，可以看到這個星團中的七顆亮星，所以中國古代又稱它為「七簇星」。昴星團距離我們 450 光年，它的半徑達 13 光年，用大型望遠鏡觀察，可以發現昴星團的成員有 280 多顆星。另一個疏散星團叫畢星團，它是一個移動星團，就位於畢宿五附近，但畢宿五並不是它的成員。畢星團距離我們 143 光年，是離我們最近的星團了。畢星團用肉眼可以看到五六顆星，實際上它的成員大約有 300 顆。

M1（蟹狀星雲）是一顆超新星爆發的遺蹟，也是梅西耶星表中唯一一個這類天體。它在 1054 年 7 月 4 日爆發，古代人觀測到了這一現象，並留下了有關「客星」的記載。用小望遠鏡（8 公分）觀測，這個星雲像一團形狀不規則的乳白色的光暈。它的星等是 8.4 等。

3．雙子座

迷戀斯巴達王妃麗達美色的宙斯，為接近她而化身為天鵝，兩人生了一對雙胞胎：神子波路克斯和人之子卡斯托。兩人皆是驍勇冒險的武士，經常聯手立下大功。他們二人也有一對雙胞胎堂弟伊達斯和林克斯。一天四人去抓牛，抓了很多牛準備平分時，貪心的伊達斯和林克斯趁波路克斯、卡斯托兄弟不備時，將牛全部帶走了。兩對雙胞胎起爭執，結果伊達斯用箭將卡斯托射死。傷心的波路克斯希望父親宙斯復活卡斯托，宙斯給他兩個條件：一是維持神的身分，永久居住在奧林帕斯山，也就不能回到人間與卡斯托相見；二是將自己一半的神力分給卡斯托，兩人輪流在繁華的奧林帕斯山與幽暗的冥界居住。思弟心切的波路克斯選擇了後者。他的悲痛感動了宙斯，宙斯就為他們兩人設立星座升到天上，讓他們能永遠相伴。

雙子座最佳觀測月分是 1 月到 2 月，尋找它也是透過「冬季六邊形」。雙子座 α 星（卡斯托，北河二：1.58 等）是一個著名的六合星系統，但其中的伴星與主星相距太近，很難分辨出來（見圖 2.23）。

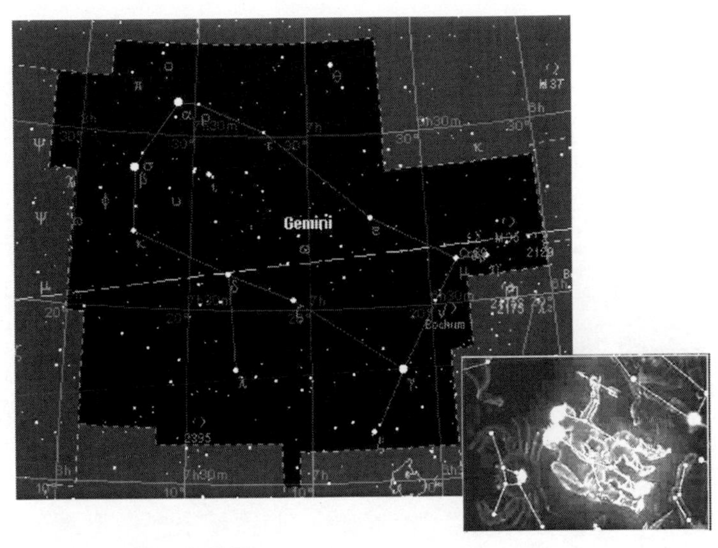

圖 2.23　雙子座星圖

雙子座 β 星（波路克斯，北河三：1.14 等），比雙子座 α 星略亮一點（為了兄弟情誼 α、β 星互換了）可視為「主星」。它距我們 34 光年，比雙子座 α 星到我們的距離近 17 光年。

雙子座 ζ 星（井宿七：3.79 等）是一顆造父變星（亮度隨時間變化的脈動變星）。光變週期是 10.15 天，亮度變化範圍在 +3.6 ～ +4.2 等之間。雙子座 η 星（鉞星：3.28 等）是一顆長週期變星，週期為 233 天。它的亮度變化幅度是 +3.1 ～ +3.9 等之間。也是雙星，因為伴星的星等是 +8.8 等，並且與主星相距僅 1.6 角秒，用小型望遠鏡很難分辨。1781 年威廉・赫歇爾 (Frederick William Herschel) 就在這顆星附近發現了天王星。α、β 星可視為「代表星」。

雙子座 α 和 β 星是兩兄弟的頭，兩兄弟的身體就像是一個「等號 (=)」。弟弟 α 和 τ（五諸侯二：4.41 等）、ε（井宿五：2.98 等）、μ（井宿一：2.81 等）星構成一邊；哥哥 β 略微向 κ（積薪：3.57 等）彎曲一點，然後和 δ（天樽二：3.53 等）、ζ（井宿七：3.79 等）、γ（井宿三：1.93 等）構成另一條邊。弟弟一邊的 θ 星（五諸侯一：3.60 等）是他手中的箭，用來抵禦敵人；哥哥一邊的 λ 星（井宿八：3.58 等）是他彈的琴，用來娛樂。

梅西耶天體 M35，用小型望遠鏡可以看到，因為它面積很大（直徑約 30 弧分），在黑暗的夜晚用裸眼也可以看到它，並且用雙筒望遠鏡很容易看清。它是一個恆星很多的星團，有幾條突出的恆星鏈。它距我們大約 2,300 萬光年。用 10 公分或更大的望遠鏡可以毫無疑問地在這個星團的西南端找到一塊亮斑。這就是 NGC 2158，是銀河系中最豐富的疏散星團之一，但它距我們非常遠（約 16,800 光年）。

NGC 2266 是一個豐富的星團，用 20 公分的望遠鏡觀測，它的形狀像一把劍，在劍鋒上有一顆＋ 9 等星。NGC 2392 星雲也叫小丑的臉或愛斯基摩星雲，儘管使它獲得這兩個綽號的特徵只有用放大倍率高且 30 公分以上口徑的望遠鏡才能看到。NGC 2392 看上去是一個藍綠色的圓盤，有一顆明亮的中央星。它的星等是＋ 8.3 等，直徑約 30 角秒。NGC 2420 是一個疏散星團，它位於恆星密集的天區，用 20 公分望遠鏡看可見一個朦朧的 V 字形星雲和幾顆恆星在一起。

雙子流星雨是最可靠的流星雨之一，它的峰值出現在 12 月 13 日或 14 日。在無月的夜晚，每小時可以看到多達 60 顆流星。

4．巨蟹座

宙斯和人間女孩阿爾克墨涅生了兒子海克力斯，海克力斯後來和底比斯的公主結婚，生了小孩過著美滿的生活。可是受天后希拉的詛咒影響，海克力斯竟手刃妻兒。宙斯為了讓他贖罪，就任命他為歐律斯透斯王，但他必須經歷十二大冒險行動，其中第二項是制服住在沼澤中的怪物海德拉。海德拉是隻九頭巨蛇，躲在沼澤附近的洞窟內，海克力斯對其投火炬，被激怒的海德拉就吐毒氣攻擊，同住在沼澤裡的大巨蟹想幫助海德拉，就跳出來咬住海克力斯的腳，結果巨蟹被踩碎，海德拉也被制服。希拉因感傷它的逝世，而在天上設立巨蟹座。

巨蟹座最佳觀測月分是 2 月到 3 月。儘管巨蟹座沒有一顆超過 4 等的亮星，但它卻很好辨認：它的兩邊都是亮星座——西邊是雙子座，東邊是獅子座。巨蟹座由較亮的 3 顆恆星 α、β、δ 組成一個「人」字形結構，可視為「代表星」（見圖 2.24）。β 星（柳宿增十：3.53 等）最亮可視為主星，巨蟹形狀建議先連接 α（柳宿增三：4.26 等）、δ（鬼宿四：3.94 等）、γ（鬼宿三：4.66 等）和 λ 星（爟二：5.92 等），其中，α 和 λ 星是兩個「大鉗子」，δ 和 γ 是腿；然後，將 δ、γ、η（鬼宿二：5.33 等）、θ（鬼宿一：5.33 等）連成一圈，構成螃蟹的身子。恰好，「鬼星團」被東方人稱之為「積屍氣」圈在其中，模模糊糊的一團算是「蟹黃」吧。這樣子看起來更像一個橫行的螃蟹。不然，一是太小；二是亮星太少，你就很難找到它。

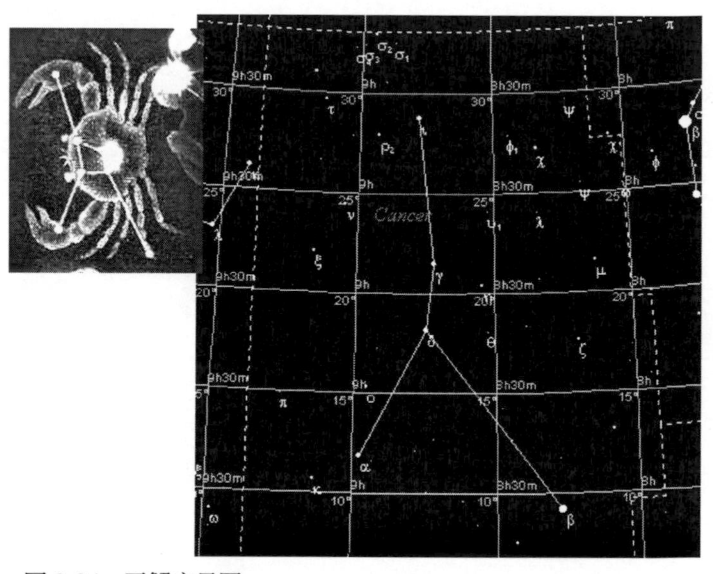

圖 2.24　巨蟹座星圖

5 · 獅子座

宙斯和阿爾克墨涅所生之子海克力斯，受歐律斯透斯王任命，要去執行十二項困難的任務，第一個任務是制服在涅墨亞的不死食人獅，這隻獅子專吃家畜和村人，人人畏懼。以前曾有人試圖制服它，但未見生還者。來到涅墨亞的海克力斯也是迷路了好多天才發現獅子的蹤跡。海克力斯欲射箭攻擊，但因獅皮太硬而無效。用劍砍，劍也彎掉了，於是用橄欖樹製成粗棍，用力往獅頭打去，此時不怕弓箭的獅子也畏懼了發怒的海克力斯，被海克力斯綁住脖子，終於被擊倒。天后希拉為了感念這隻獅子，就在天上設立了獅子星座。

獅子座最佳觀測月分是 3、4 月。它在春季的星空很是「醒目」，可以借助於「春季大三角」先找到獅子座 β 星（五帝座一：2.14 等）。然後，獅子座就可以看成是由一個三角形（獅子尾巴）、一個五邊形（獅子的身子）和一把「鐮刀」也可以看成是一個「反問號」（獅子的頭、脖子及鬃毛部分）組成（見圖 2.25）。

獅子尾巴的三顆星是 β、δ（鬼宿四：3.94 等）和 θ（鬼宿一：5.33 等）；五邊形的身子有 α 星（軒轅十四：1.35 等，也是獅子座的主星）、η（軒轅十三：3.52 等）、γ（軒轅十二：1.98 等）以及 δ 和 θ 組成；由南向北，γ、ζ（軒轅十一：3.44 等）、μ（軒轅十：3.88 等）、ε（軒轅九：2.98 等）及 λ（軒轅八：4.32 等）和 κ（軒轅七：3.94 等）組成了那個「反問號」。「代表星」可選 α 和 β。

獅子座位於后髮座方向銀河系的北極附近，所以可以看到大量的河外星系，最著名的就是獅子座三胞胎和 M96 星系團。

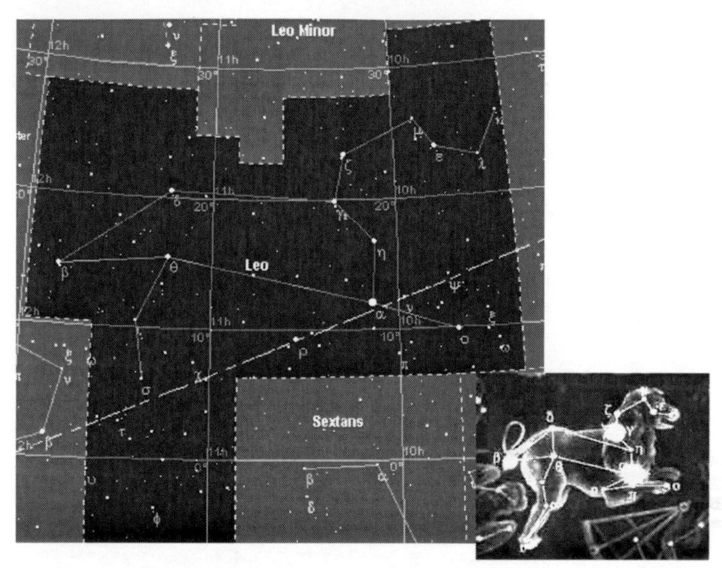

圖 2.25　獅子座星圖

每年 11 月 14、15 日前後，流星雨之王——獅子座流星雨就在反問號的 ζ 星附近出現。它伴隨的是坦普爾－塔特爾彗星的回歸，該彗星有一個大約 33 年的爆發週期。早在西元 931 年，五代時期就已記錄了它極盛時的情景。到了 1833 年的最盛期，流星就像煙火一樣在 ζ 星附近爆發，每小時最少有上萬顆。

6．室女座

農業女神狄蜜特和宙斯大帝育有一女珀耳塞福涅，有一天珀耳塞福涅在野地摘花時，有朵從未見過的美麗花朵正盛開著，正當她伸手要摘時，地面突然裂成好幾塊，她就掉了下去。母親狄蜜特四處尋找失蹤的女兒。看到事情經過的太陽神海利歐斯告訴狄蜜特，因冥王黑帝斯欲娶珀耳塞福涅為妻，而將她帶回地下。狄蜜特因為悲傷過度而使植物枯萎，大地一毛不生。宙斯看事態嚴重，就向黑帝斯說情，可是黑帝斯在珀耳塞福涅要走時，拿了冥界的石榴給她吃。珀耳塞福涅因為可以離開，高興地吃了四個，結果被迫一年有四個月要留在冥界，這四個月就變成了今日萬物不宜耕種的冬天，珀耳塞福涅一回到人間就是春天，狄蜜特就是室女座的化身。

室女座的最佳觀測月分為 4 月到 6 月。尋找它可以依靠「春季大三角」，其中有室女座 α（角宿一：1.00 等），可以視為主星。每年 4 月 11 日子夜室女座中心經過上中天。現在的秋分點位於室女座 β（右執法：3.60 等）附近。這是個有點複雜、比較難認的星座，可以簡化為一個大寫的字母「Y」（見圖 2.26）：以 α 到 γ 星（東上相：2.75 等）為柄，從 γ 星開始分為兩叉，γ、δ（東次相：3.4 等）、ε（東次將：2.83 等）為一分支，γ、η（左執法：4.1 等）、β 為另一分支。α、γ 和 β 星可視為「代表星」。

室女座 ε 以西 5°～ 10°就是室女座超星系團，當中包括 M49（橢圓）、M58（螺旋）、M59（橢圓）、M60（橢圓）、M61（螺旋）、M84（橢圓）、M86（橢圓）、M87（橢圓；著名的射電源）及 M90（螺旋）。另一著名的深空天體為 M104（亦稱闊邊帽星系），位於角宿一以西約十度，是一個橢圓星系。

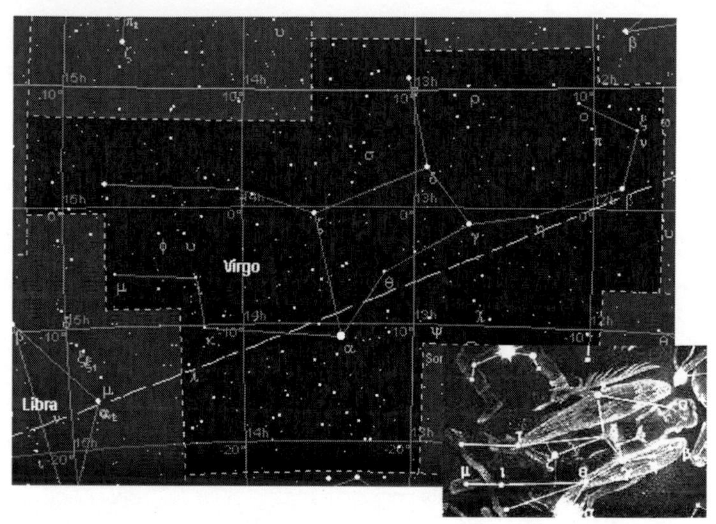

圖 2.26　室女座星圖

7．天秤座

天秤座就是正義女神阿斯特賴亞在為人類做善惡裁判時所用的天秤的化身，阿斯特賴亞一隻手持秤，一隻手握斬除邪惡的劍。為求公正，所以眼睛皆蒙著。從前的眾神和人類是和平共處於大地上，神擁有永遠的生命，但人類壽命有限。因此寂寞的神祇不斷創造人類，然而那時的人好爭鬥，惡業橫行，眾神在對人類失望之餘回到天上。只有阿斯特賴亞女神捨不得回去而留在世間，教人為善。儘管如此，人類仍繼續墮落，於是戰事頻起，打打殺殺不斷。最後連阿斯特賴亞也放棄人類而回到天上。天空就高掛著鍾愛正義、和平、公正的天秤座（見圖 2.27）了。

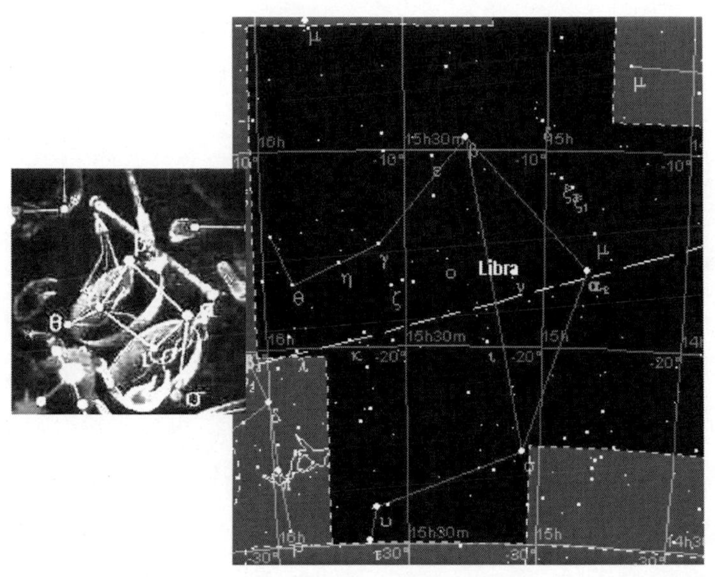

圖 2.27　天秤座星圖

天秤座最佳觀測月分是 5 月到 6 月。位於室女座與天蠍座之間，在室女座的東南方向。星座中最亮的四顆星 α（氐宿一，目視雙星、由亮度 5.2 的 α1 與亮度 2.8 的 α2 所構成，呈藍白色）、β（氐宿四：2.6 等）、γ（氐宿三：4.0 等）、σ（氐宿增一：4.9 等）構成一個四邊形，可視為「代表星」。β 星（可視為主星）又和春季大三角構成一個大菱形。它是全天唯一一顆肉眼可以看出為綠色的星。

梅西耶天體 NGC 5897 是一個鬆散的球狀星團，使用 20cm

的望遠鏡才能勉強看見它。

建議把天秤座星團看成一個「物理天平」。α、β 和 σ 是天平的「掛架」；β、γ、η（西咸四：5.4 等）和 θ（西咸三）構成一個「托盤架」；σ、ν（氐宿增十：5.2 等）和 τ 星（天輻二：3.66 等）構成另一個「托盤架」。

8．天蠍座

在古希臘時代，海神波塞頓的兒子俄里翁是位有名的鬥士，不僅是美少年，還具有強健的體魄，相當有女人緣。他本身也相當自豪，還曾大言不慚地昭告天下：世界上沒有比我更棒的人！希拉聽到後相當不悅，就派出一隻劇毒的天蠍去抓俄里翁。天蠍悄悄溜到毫不知情的俄里翁身邊，以其毒針向其後腳跟刺去，俄里翁根本來不及有所反應，就氣絕身亡。天蠍因為有此功勳，所以天上就有天蠍座。即使現在，只要天蠍座從東方升起，俄里翁座（獵戶座）就趕緊沉沒進西方地平線下。

天蠍座最佳觀測月分是 6 月到 7 月。位於南半球，在西面的天秤座與東面的人馬座之間，是一個接近銀河中心的大星座。夏季出現在南方天空（北半球 40°以上的高緯度地區較難看到），蠍尾指向東南，指向銀河系中心的方向。α 星（心宿二）是紅色的 1 等星，可以作為星座主星。疏散星團 M6 和 M7 肉眼均可見（見圖 2.28）。

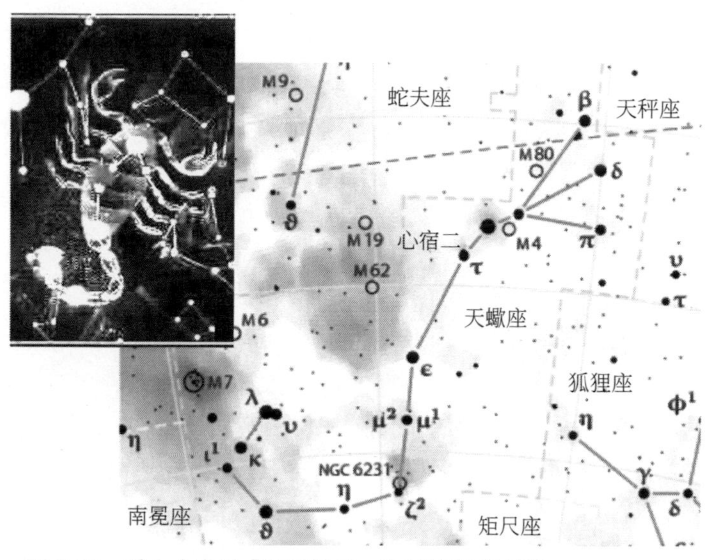

圖 2.28 看上去有點「張牙舞爪」的天蠍座（星圖）

認識天蠍座，可以去找兩個「三連星」和一個「天鉤」。第一個「三連星」中心的星，就是天蠍座 α 星（心宿二），古人稱之為「大火」，是天上的「三把火」之一（其他兩把火分別是獵戶座 α 星和火星）。也是古代波斯人選擇守護天球的四柱（星）之一，其他三根柱子是：南魚座的 α 星（北落師門）、獅子座的 α 星（軒轅十四）及金牛座的 α 星（畢宿五）。心宿二和 σ 星（心宿一：3.05 等）、τ 星（心宿三：2.80 等）構成蠍子的「心胸」部分，其中心宿二是心臟；σ 星的右上方是 δ 星（房宿三：2.35 等），它和 β 星（房宿四「蠍子的前額」：2.60 等）、π 星（房宿一：2.85 等）組成另一個「三連星」，構成蠍子的「頭」和兩隻前「螯」；「天鉤九星」則是從τ星開始，由ε（尾宿二:2.25等）、

μ（尾宿一：2.8 等）、ζ（尾宿三：4.7 等）、η（尾宿四：3.33 等）、θ（尾宿五：1.85 等）、ι（尾宿六：3.03 等）、κ（尾宿七：2.39 等）和 λ（尾宿八：1.62 等）九顆星構成蠍子彎彎的身子。在尾巴頭上的 λ 星旁邊，還有一顆 ν 星（尾宿九：2.70 等）那是蠍子尾巴上的「毒針」。

9．人馬（射手）座

從前有個半人馬族，他們是上半身為人，下半身為馬的野蠻種族。然而在一群殘暴的族人當中，只有收穫之神克洛諾斯的兒子凱隆最為賢明，不僅懂得音樂、占卜，還是海克力斯的老師。有一天海克力斯和族人起衝突，被追殺的他就逃入凱隆家中，憤怒的海克力斯瞄準半人馬族頻頻放箭，卻不知老師凱隆也混在其中，而射到他的腳。因箭端沾了海德拉怪物的劇毒，凱隆痛苦不堪，且具有不死之身的他，遲遲無法從痛苦中解放。泰坦神普羅米修斯就廢了其不死之身，讓他安詳而死，而成為天上的人馬座（見圖 2.29）。

人馬座最佳觀測月分為 7 月到 8 月。夏夜，從天鷹座的牛郎星沿著銀河向南就可以找到它。因為銀心就在人馬座方向，所以這部分銀河是最寬最亮的。人馬座中亮於 5.5 等的恆星有 65 顆，最亮星為人馬座 ε（箕宿三：1.85 等），可視為主星。每年 7 月 7 日子夜人馬座中心經過上中天。

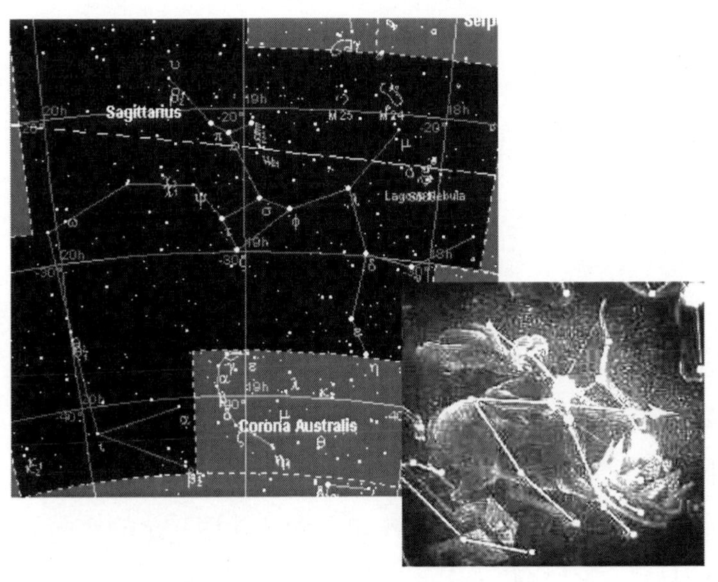

圖 2.29 人馬座星圖

人馬座的形象是「半人半馬」，騎在馬上的「半人」還在張弓搭箭。可將人馬座視為四個部分組成（弓箭、馬身、人身、人腿，見圖 2.29）。μ（斗宿一：3.17 等）、λ（斗宿二：2.8 等）、δ（箕宿二：2.72 等）、ε 是那張弓，δ 和 γ（箕宿一：2.98 等）就是「箭和箭頭」；φ（斗宿三：3.2 等）、σ（斗宿四：2.1 等）、τ（斗宿五：3.3 等）和 ζ（斗宿六：3.37 等）四顆星構成馬的身子，而 η（箕宿四：3.10 等）是馬腿；半人還真的是有點「怪異」，從 σ 開始，連接 ο（建二:3.8 等）、π（建三:2.9 等）、ρ（建五:3.9 等）、υ（建六:4.5 等）構成人的身子，ξ（建一:3.5 等）則是「人頭」；而由 τ 到 ω（狗國一:4.7 等）和由 τ 經 ζ（斗宿六:

3.26 等）到 α（天淵三：3.96 等）、β（天淵一：4.27 等）分別是人的兩條腿。感覺是有點複雜，對吧！來點簡單的，在我們國家，人馬座裡最重要的就是「南斗六星」。μ 和 λ 為「斗柄」，φ、σ、τ 和 ζ 形成「斗身」，也就是斗宿。這六顆星也就是人馬座「代表星」了。

人馬座正對著銀心方向，所以它裡面的星團和星雲特別多。在南斗 σ 和 λ 兩星連線向西延長一倍的地方，可以看到一小團雲霧樣的東西，這其實是個星雲。在望遠鏡裡看上去，它是由三塊紅色的光斑組成的，十分好看，被稱為「三葉星雲」。人馬座裡的星雲還有不少，比如在南斗斗柄 μ 星的北面，有個星雲很像馬蹄的形狀，因此被稱為「馬蹄星雲」。

10．摩羯座

牧神潘的外表有人的軀幹和頭，山羊的腿、角和耳朵，外貌不算出眾。但他充滿活力，最愛唱歌、跳舞。有一天他在河畔巧遇仙子緒林克絲，對其一見鍾情，欲跟蹤時，緒林克絲落荒而逃。潘窮追不捨，被追的緒林克絲就向神禱告，突然消失了蹤影，只見一枝蘆葦在風中搖曳。失望的潘就摘下蘆葦製成笛子，吹奏思念之歌。有一天在河邊設宴的眾神正聆聽潘吹奏時，突然怪物傑凡出現，眾神馬上化身為各種動物逃亡。潘也趕緊化身成魚跳至水中，但因慌忙之下變身不及，只有下半身是魚形，成了奇怪的模樣。

摩羯座（見圖 2.30）最佳觀測月分為 8 月到 9 月。它是個不太亮的小星座，最亮星是摩羯座 δ（壘壁陣四：2.81 等），可視為星座主星。每年 8 月 8 日子夜摩羯座中心經過上中天。

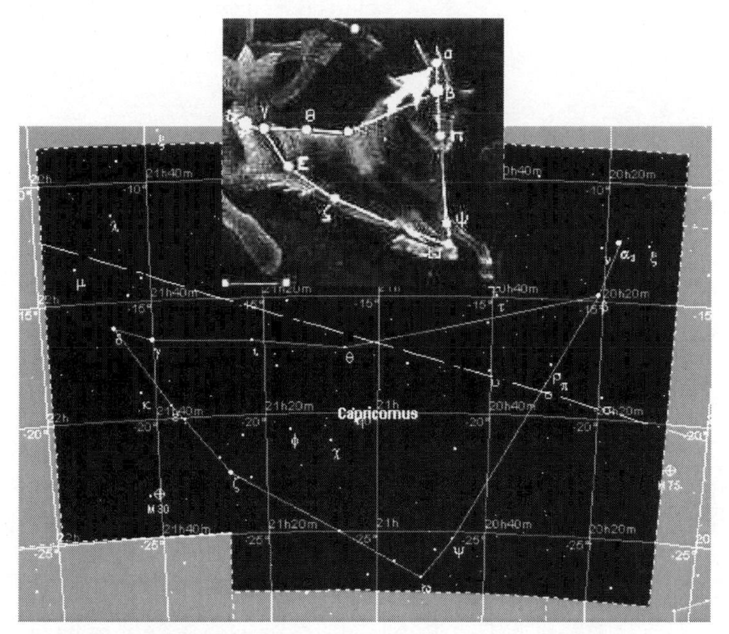

圖 2.30　摩羯座星圖

這個南天星座儘管沒有一顆亮星，但輪廓相當清楚，組成一個倒三角形結構，在黑暗的夜晚很容易辨認。如果你想簡單地辨星，那你就把它看成一個「三角形的大風箏」，δ、α（牛宿二：3.58 等）和 ω（天田二：4.12 等）在三個頂角上，它們可以視為摩羯座的代表星，摩羯座 α 還有一個名稱叫「牽牛星」，就是牛郎織女故事中的那頭老牛；再複雜一點，在希臘神話中，摩羯是一種長著羊的上半身和魚的下半身的怪物，形象意味著冬至日（太陽高度最低）的太陽在艱難地升高……那麼，羊頭就是α和β（牛宿一：3.05 等）、羊身子應該是ρ星（牛宿六：4.77 等）、τ星（羅堰一：5.24 等）和θ星（秦一：4.08 等）構成，而ω星是「羊腹」（阿拉伯人就是這樣叫的）；魚的尾巴是δ星，連接的魚身子由θ、ι（代一：4.28 等）、γ（壘壁陣三：3.69 等）和ξ（牛宿三：5.84 等）、κ（壘壁陣一：4.72 等）構成。

對於天文愛好者來說，摩羯座沒有多少有趣的星體，這個區域的星系都很微弱。摩羯座有一個梅西耶天體球狀星團 M30。

11・寶瓶座

特洛伊王子蓋尼米德的美貌遠近聞名。有一天宙斯下凡時，發現幫父親看羊的蓋尼米德，他對這名美少年心生迷戀，就化身為老鷹將他抓住，賜他永保青春，終生擔任宙斯身邊的倒酒侍童。蓋尼米德覺得相當光榮，總是勤奮地工作。深受感動的宙斯，就送給他一個裝滿智慧之水的水瓶，日後被封為天上的寶瓶座。

寶瓶座最佳觀測月分是 8 月到 10 月。最亮星為寶瓶座β（虛宿一：2.90 等），可視為星座主星。每年 8 月 25 日子夜寶瓶座中心經過上中天。1846 年 9 月 23 日，德國天文學家伽勒根據法國天文學家勒維耶的計算，在寶瓶座 ι（壘壁陣五：4.29 等）附近發現海王星。海王星也因此被稱為是在筆尖底下發現的行星。

寶瓶座是一個大但暗的星座（見圖 2.31），位於黃道帶摩羯座與雙魚座之間，東北面是飛馬座、小馬座、海豚座和天鷹座，西南邊是南魚座、玉夫座和鯨魚座。

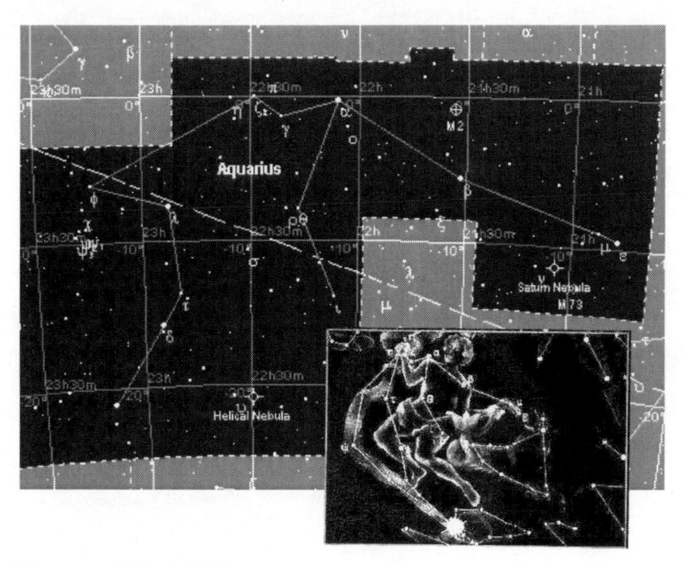

圖 2.31　寶瓶座星圖

寶瓶座 α 星（危宿一：3 等）為抱著水瓶的少年的右肩，β 星為他的左肩，γ 星（墳墓二：3.84 等）是他抱水瓶的右手，這三顆星可視為星座的標識星；寶瓶座 ζ 星（墳墓一：3.7 等）可看做「瓶口」，而從 η（墳墓三：4.04 等）到 φ（壘壁陣八：4.22 等）、λ（壘壁陣七：3.73 等）、τ（羽林軍二十四：4.05 等）、δ（羽林軍二十六：3.26 等）到 ω（羽林軍四十四：4.97 等）的線條所構成的圖案，像是從玉瓶中流出的玉液瓊漿。最後流入了南魚座 α 星（北落師門）的口中，怪不得「南魚」有那麼大的肚子。

梅西耶天體中，M2 是很耀眼的球狀星團。它呈現出一個圓形的星雲狀的光，相當明亮但不透明，越向中心越明亮。直徑約為 6.8 弧分，距地球 4 萬光年；M72 球狀星團，距離 5.6 萬光年；NGC 7009，行星狀星雲，最初被羅斯公爵定名為土星狀星雲。這個星雲的亮度為 +8.3 等；NGC 7293 非常巨大的行星狀星雲，稱為螺旋星雲或蝸牛星雲。它是同類天體中距地球最近的，距離 326 光年。

寶瓶座每年會出現兩次流星雨。一次於 5 月上旬出現在 η 星附近，5 月 5 日是其最為壯觀的時期，是由哈雷彗星造成的。另一次會在 7 月下旬出現在 δ 星附近，於 7 月 31 日達到最高潮。

12．雙魚座

阿芙羅黛蒂為了逃避大地女神蓋亞之子巨神堤豐攻擊而變成魚躲在尼羅河（一說幼發拉底河）。之後她發現忘記帶上自己的兒子厄洛斯一起逃走，於是又上岸找到厄洛斯。為防止與兒子失散，她將兩人腳綁在一起，隨後兩人化為魚形，潛進河中。事後宙斯將阿芙羅黛蒂首先化身的魚提升到空中成為南魚座，而她和厄洛斯化身的綁在一起的兩條魚則稱為雙魚座。

雙魚座最佳觀測月分是 10 月到 11 月。9 月 27 日子夜中心經過上中天。最亮星為雙魚座 η（右更二、3.62 等），可視為主星。現在的春分點位於雙魚座 ω 星（霹靂五、4.04 等）下方（圖 2.32）。

雙魚座雖然是較大的星座，但組成星座的恆星都很暗。雙魚座最容易辨認的是兩個雙魚座小環（魚頭），特別是緊貼飛馬座南面由雙魚座 β（霹靂一：4.53 等）、γ（霹靂二：3.69 等）、θ（霹靂三：4.28 等）、ι（霹靂四：4.13 等）、λ（雲雨四：4.49 等）和 κ（雲雨一：4.93 等）組成。另一個小環（魚頭）位於飛馬座東面，由雙魚座 σ（奎宿十：5.5 等）、τ（奎宿十一：4.51 等）、υ（奎宿十三：4.71 等）、φ（奎宿十四：4.65 等）、χ（奎宿十五：4.66 等）、ψ1（奎宿十六：5.34 等）等恆星組成。

然後就是連接兩條魚的「V」形緞帶，結點在 α 星處。一條從 α 星開始，經 ο（右更四：4.26 等）、π（右更三：5.55 等）、η（右更二：3.62 等）、ρ（右更一：5.38 等）到 ψ1；另一條從 α 星開始，經 ν（外屏五：4.45 等）、μ（外屏四：4.84 等）、ζ（外屏三：5.2 等）、ε（外屏二：4.28 等）、δ（外屏一：4.43 等）、

ω 到 ι 星。α、ψ1 和 ι 三星連成的「V」形主幹，可視為「代表星」。

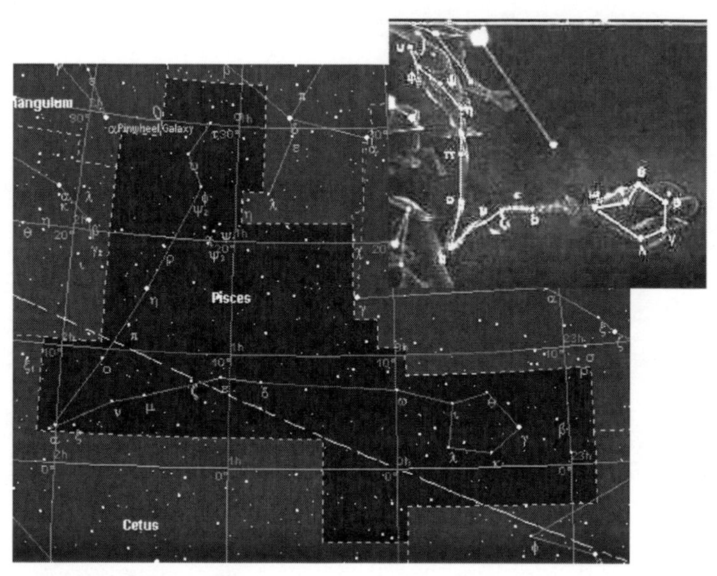

圖 2.32　雙魚座星圖

這個星座有一個梅西耶天體 M74，位於雙魚座最亮星右更二附近。

13．星數小結

本節介紹黃道十二星座，每個給出了一顆「主星」：白羊座 α、金牛座 α、雙子座 β、巨蟹座 β、獅子座 α、室女座 α、天秤座 β、天蠍座 α、人馬座 ε、摩羯座 δ、寶瓶座 β 和雙魚座 η 共 12 顆星。

每個星座的「代表星」為：白羊座α、β、δ；金牛座α、β、ζ；雙子座β、α；巨蟹座β、α、δ；獅子座α、β；室女座α、γ、β；天秤座β、α、γ、ζ；天蠍座τ、ε、μ、ζ、η、θ、ι、κ、λ；人馬座μ、λ、φ、σ、τ、ζ；摩羯座δ、α、ω；寶瓶座β、α、γ；雙魚座α、ψ1 和ι星。共 44 顆星，減去前面已經作為主星的 10 顆，還有 34 顆星。

至於，每個星座能夠體現「結構」、「形狀」的星，我們這裡就不做總結了。那些星應該是在意「本命星座」的人們更加注意的。基本上每個星座再加 3 ～ 10 顆吧，平均 5 顆。

那麼，黃道十二星座總體：12（星座主星）+34（代表星）+ 5（形狀星）=51 顆。加上天極附近的 49 顆，已經可以超過「星星證照」要求的 100 顆了，為你提供了充裕的選擇機會。至於那些星雲、梅西耶天體、流星雨，我們就算是「買一送一」吧！它們一般也只有觀測能力較好的天文愛好者才會問津。

2.2 堅持一年就能夠認識春夏秋冬的星星

前面我們為你介紹的星星，都是先給星座名，然後括號裡再加上東方天空系統的「星官」的名字，並給出它們的亮度。比如，雙魚座β（霹靂一：4.53 等），介紹亮度是為了方便讀者找星星時心中有數；給出 88 星座的名稱是要符合目前流行更廣的西方天空體系，而給出「星官」的名字，則是我們「有預謀」的。因為，關於接下來四季星空的介紹，「星官」們會為我們演繹一個個「戰場」、一個個貿易場景、一個個「官場爭鬥」。那些場景是那麼的生動、那麼的動人心弦、那麼的蕩氣迴腸。

2.2.1 春季：烏鴉座、長蛇座、西北戰場

春風送暖學認星，北斗高懸柄指東；
斗柄兩星大曲線，牧夫室女抓烏鴉；
獅子霸占春宵夜，軒轅十四航海星；
西北戰場抗胡人，天大將軍逞威風。

不知道這八句話算「詩」，還是算「歌謠」。不管怎樣，它們應該是能夠幫你去認識春季星空的。春風拂面，我們去「踏青」，我們說「踏青」實際就是「顧眼睛」。想想看，你去看眼科，醫生會提醒你什麼，肯定離不開這三點：一、明示距離；二、多看遠處；三、不要讓眼睛疲勞。這三點都是在告訴你要去看「春天的」星空（見圖 2.33）。難不成眼科醫生都喜愛天文學？不是的，是一種「巧合」而已。春天「踏青」去看的就是那田野裡「嫩嫩」的青芽，那可是最適合眼睛的，550 奈米波長的嫩綠顏色。白天看完春芽，你晚點回家，順帶認識一下春天的

星空吧。而且，你還「遵從醫囑」了。不是說要多看遠處嗎？星星要多遠就有多遠！

其實春天的星象可以精簡為四句話：「參橫斗轉，獅子怒吼，銀河回家，雙角東守。」「參」指參宿，即獵戶座，橫於西天。「斗」指北，由東北角逐漸轉上來。「獅子」就是獅子座，獨霸南天。「雙角」指「大角星」和「角宿一」，踞於東天一方。春季的主要星座是：獅子座、牧夫座、室女座、烏鴉座、天龍座、長蛇座等。當然，還有古代的「西北戰場」。

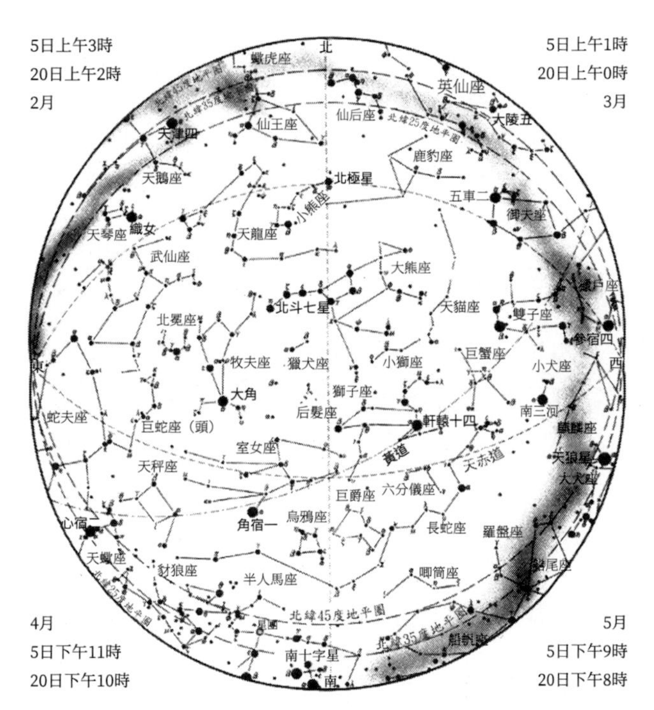

圖 2.33　春季星空（3、4、5 月），圖中邊上「發黑」的一圈就

是銀河。這是因為北銀極的方向就是后髮座，銀河恰好在地平線上

春季的夜晚，北斗七星掛在頭頂。這次我們用到的是「斗柄」。你順著斗柄兩顆星的連線，很自然地畫下去，就能看到兩顆很亮的星——牧夫座 α（大角、-0.04m，全天第四、北天第一亮星）和室女座 α。這條「曲線」的終端指向了烏鴉座，被稱為「春季大曲線」（圖 2.34）。把這兩顆亮星連線作為等邊三角形的一條邊，再去找到獅子座 β 星，「春季大三角」就完成了。

春季的代表性星座是獅子座，我們在黃道十二星座中已經作過介紹。春季大曲線指向的烏鴉座，實際上也有一個有趣的故事：據說，以前的烏鴉是一種渾身披著五彩羽毛、唱歌說話都是十分動人的可愛小鳥。所以，天后希拉讓她做貼身侍女。一天，天后口渴，讓烏鴉去銀河打水。烏鴉打好水，一轉身看到河邊就要結果的無花果樹，她還沒吃過無花果，而且朋友們都在說無花果是多麼好吃。她就決定等一等，等果子成熟，她吃下後覺得滋味確實不錯，可是已經耽誤時間了。回去之後，天后責備她回來遲了。她狡辯並且撒謊說，路上遇到別人搗亂才回來晚了。天后當然知道她在撒謊，就懲罰她今後只能「嘎嘎」叫，不能再講話，並且讓她全身羽毛變黑，每天都蹲在銀河邊不許亂動。烏鴉座主星是烏鴉座 γ（軫宿一：2.59 等）。

圖 2.34　春季大曲線和春季大三角。牧夫帶著室女走了一條「大曲線」去抓烏鴉

春季星空還有一個全天最大的星座長蛇座，跨度達 102°，可以說橫跨整個春季的南方天空（見圖 2.33）。由於它亮星不多，所以經常被認為是一條剛剛「冬眠」醒來、潛伏在草叢中的長蛇。它的頭在獅子座的正前方，身子跨過天赤道後在六分儀座、巨爵座、烏鴉座等小星座下「溜過」，最後消失在銀河中心的人馬座之中。主星為長蛇座 α（星宿一、1.98 等），在蛇的

「七寸（心臟）處」。另一顆值得留意的星是長蛇 ε（柳宿五），是紅色的「密近雙星」，星等在 3.4～6.5 等之間變化，在長蛇的頭部。M83 是個最接近我們的螺旋星系（見圖 2.35），距離 1,500 萬光年，它正面對著地球。

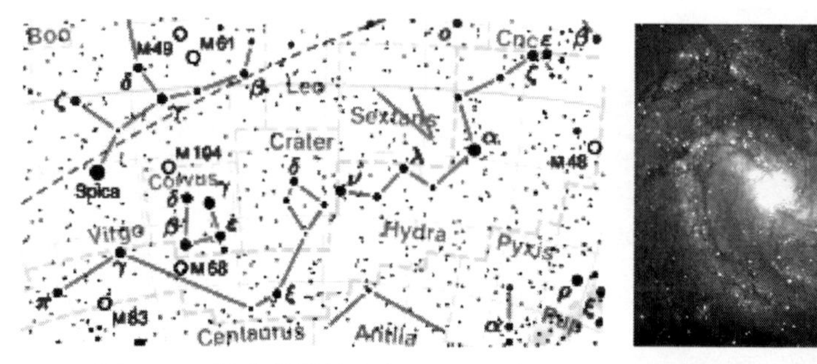

圖 2.35　彎曲的長蛇座和 M83 星系

春季星空是東方天空「分野」的「西北戰場」。自戰國以後，中原和邊界上的少數民族就經常發生戰爭，這也會在「天象地映」的「天文」中有所反映。分野中和外族發生戰爭的場所，主要是在三個方向：西北戰場（見圖 2.36）的「西羌」、北方戰場的「匈奴」和南方戰場的「南蠻」。

西北戰場處於 28 宿中的西方參、觜、畢、昴、胃、婁、奎中，其中畢代表中原，昴代表胡人，畢宿、昴宿也是主要的戰場。它們之間的「天街」兩星是分界屬畢宿，即金牛座 κ2（天街一：5.25 等）和金牛座 ω（天街二：4.93 等），之所以把這麼暗的星星也作為星官，一是它們作為西北戰場的分界線；二是黃道剛好在兩星的連線之間透過，也就是說，日月七曜從

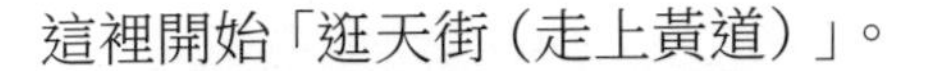
這裡開始「逛天街（走上黃道）」。

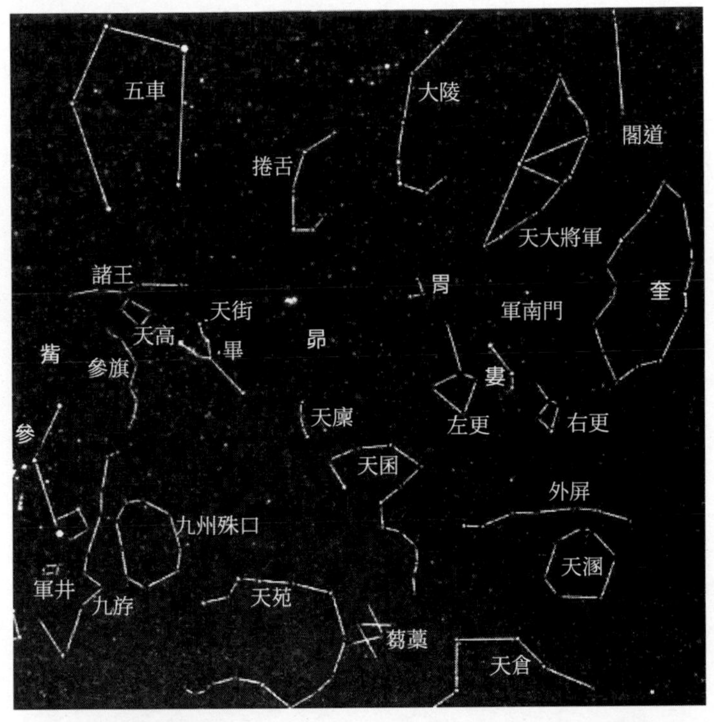

圖 2.36 西北戰場

我們先看到的是戰場上軍旗高懸，那是「參旗九星」。九星中的參旗三到九，在獵戶座中是獵戶座 π1 ～ π6，它們組成了獵戶手中的那張弓。其中最亮的是 π3（參旗六：3.15 等）。天大將軍（星）坐鎮指揮，它是天將十一星之首，也是仙女座 γ 星（天大將軍一：2.26 等），其他十顆星都不是很亮，但它們在天上構成了一個「網狀」，似乎是隨時等待命令捕捉敵人。出兵走的「軍南門」是仙女座 φ（軍南門：4.26 等），士兵沿「閣道」進發，閣道星共六顆，最亮的是仙后座 δ（閣道三：2.68 等）。戰車是古時戰場上的主力軍，「五車」星就在大將軍的旁邊。似乎是巧合，五車 5 星都在西方星座的「御夫座」裡（見圖 2.37），不都是「車」嗎？中國的「車」配一個西方的「牧夫」。

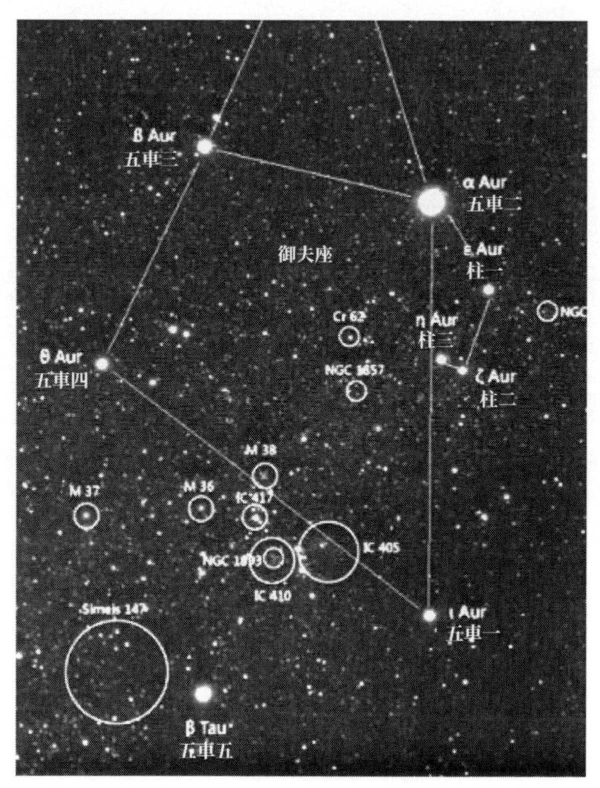

圖 2.37　御夫座和五車星。其中在五車一、四、五之間是昴星團

其中，最亮的是御夫座 α（五車二：0.08 等）。而組成「五車（御夫）」圖形的 5 顆星都很亮，餘下的 4 顆大家不妨都認識一下：御夫座 ι（五車一；2.69 等）、御夫座 β（五車三：1.90 等）、御夫座 θ（五車四：2.65 等）以及以前的御夫座 γ 星現今為金牛座 β（五車五：1.65 等），就星座形象構成來說，金牛座 β 星是「一星二用」的。這屬於天文學上的歷史難題。

兵馬未動，糧草先行。在大將軍邊上有天廄用來養軍馬；天廩用來儲存軍糧；芻藁六星代表專門餵軍馬的草料；還有供大軍飲水的軍井「玉井」，甚至還有「天廁」星。天廩四星在金牛座，最亮的是天廩四（金牛座 o：3.61 等）；芻藁六星在鯨魚座，其中的芻藁增二（鯨魚座 o）是一個很奇異的變星，星等在 2.0 ～ 10.1 之間變化；玉井星在獵戶座，其中最亮的是玉井四（獵戶座 τ：3.55 等）；天廁四星對應的是天兔座（圖 2.38），最亮的是天兔座 α（廁一：2.58 等）。

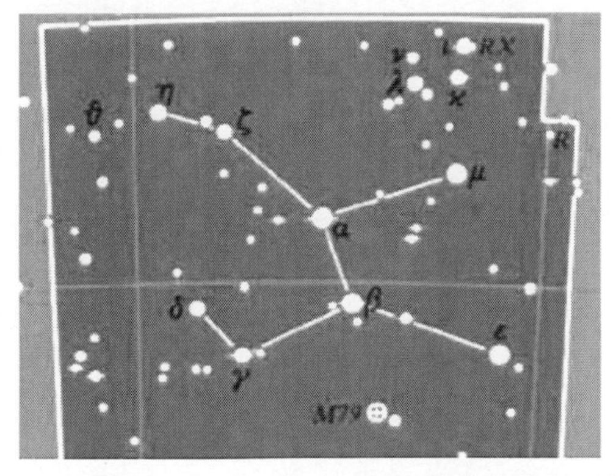

圖 2.38　88 個星座中的「天兔座」是一隻被「獵犬」追趕的兔

子；在東方的星官中，這裡是「天廁」，α、β、γ、δ 是廁所的圍牆，而 ζ、η、θ 則是一道「柵欄門」，可開可關

星數小結

首先是「春季大曲線」中前面沒有介紹過的大角（牧夫座 α）和大曲線指向的烏鴉座 γ（軫宿一），「星星證照」5 級之內應該包括它們。

然後是長蛇座的兩顆代表星，長蛇座 α（星宿一）和長蛇 ε（柳宿五），後面一顆雖然不是很亮，但是作為一顆著名的「變星」值得去認識它。

「天街」的兩顆星，對於了解西北戰場很是重要，需要「星星證照」5 級以上的人去認識它們；天街一（金牛座 κ2）和天街二（金牛座 ω），它們是有點暗，但是位置還是容易確定的。

「參旗九星」是西北戰場的代表，認識最亮的參旗六（獵戶座 π3），再熟悉一下「參旗」的形狀就好了。再來得知道戰場主帥，也就是去找找看很亮的天大將軍星（仙女座 γ）。

也儘量去找找軍南門（仙女座 φ）。至於閣道六星，要認識最亮的閣道三（仙后座 δ），然後要看清「閣道」的走向。

接下來就是五顆五車星了，御夫座的五顆亮星，都很好認。

也要認識天**廩**星中最亮的天**廩**四（金牛座 ο），還有**芻藁**星中那顆怪異的**芻藁**增二（鯨魚座 ο），天文愛好者對變星總是很感興趣。最後是四顆井星中最亮的玉井四（獵戶座 τ）和天廁星中最亮的廁一（天兔座 α）。

這樣我們在春季就能多認識：2（春季大曲線）+2（長蛇）+2（天街）+2（參旗和大將軍）+7（軍門、閣道加五車）+4（天

廩、蒭藁、井、廁各一顆）＝ 19 顆星了，再加上巨大的 M83 星雲，正好 20 個天體。到此，加上前面北極和黃道認識的 100 顆，我們至少也認識 120 顆星了。要做到熟悉其中的 60 顆，應該是有把握的。我們理想的目標是 80 ～ 90 顆。加油！

2.2.2 夏季：牛郎織女、太微垣、南方戰場

斗柄南指夏夜靜，天蠍人馬銀河中；
順著銀河向北看，天鷹天琴兩岸邊；
天鵝飛翔銀河裡，牛郎織女鵲橋迎；
太微垣裡國事忙，南方戰場軍門開。

夏夜的天空，主角應該是橫亙天空的銀河。不過，有人做過調查，現代人中大約超過 80% 的人，沒有見過銀河。一是天文學的普及程度不夠；二是空氣品質太差；再有就是都市化帶來的「麻煩」。可以說，大城市一小時車程之內，基本上是看不到銀河的。

說到銀河，先講牛郎織女的故事。雖然「老掉牙」了，但是依託它們構成的「夏季大三角」，是夏夜中最容易辨別的星；而且從大三角出發，很方便找星、找到銀河。銀河系的中心在人馬座、天蠍座，我們已經在黃道星座裡介紹過它們。這裡將為你介紹天琴、天鷹、天鵝座，然後告訴你太微垣（政府機構）都有什麼，它們是怎樣排布「南方戰場」的。

牛郎織女的故事出自南北朝時期的《古詩十九首》，原文是：「迢迢牽牛星，皎皎河漢女。纖纖擢素手，札札弄機杼。終日不成章，泣涕零如雨。河漢清且淺，相去復幾許？盈盈一水間，脈脈不得語。」經過逐步演繹，成為中國古代著名的民間愛情故事。這個愛情故事，從牽牛星、織女星的星名衍化而來。說孤兒牛郎依靠哥嫂過活。嫂子為人刻薄，經常虐待他，他被迫分家出來，靠一頭老牛自耕自食。這頭老牛很通靈性，有一天，織女和諸仙女下凡嬉戲，在河裡洗澡，老牛勸牛郎去相見，並且告訴牛郎如果天亮之前仙女們回不去就只能留在凡間了，牛郎於是待在河邊看七個仙女，他發現其中最小的仙女很漂亮，頓生愛意，想起老牛的話，於是就悄悄拿走了小仙女的衣服。仙女們洗完澡準備返回天庭，小仙女發現衣服不見了只能留下來，於是小仙女織女便成了牛郎的妻子。婚後，他們男耕女織，生了一兒一女，生活十分美滿。不料天帝查知此事，命令王母娘娘押解織女回天庭受審。老牛不忍他們妻離子散，於是把自己的牛皮剝下來（實際上它是天上的牛星，摩羯座 α。現在看像是有兩顆「牛星」，實際上是受星官體系中二十八星宿由赤道體系演變到黃道體系的影響；河鼓二是以前的牛宿，現在的牛宿更靠近黃道），讓牛郎披上，這樣他就可以上天追趕織女。眼看就要追上，王母娘娘拔下頭上的金釵，在天空劃出一條波濤滾滾的銀河。牛郎無法過河，只能在河邊與織女遙望對泣。他們堅貞的愛情感動了喜鵲，無數喜鵲飛來，用身體搭成一道跨越天河的鵲橋，讓牛郎織女在橋上相會。天帝無奈，只好允許牛郎和織女每年七月七日在鵲橋上會面一次。

每年學生放暑假的時候，晚上 8 點左右，你抬頭看頭頂，織女星（天琴座 α：0.03 等）很亮，藍白交織的顏色很耀眼。如果你有幸能夠看到銀河，還有銀河另一邊的牛郎星（天鷹座 α：0.85 等），星官體系中的「河鼓二」。它們連線構成「夏季大三角」的一條長邊（見圖 2.39(a)），織女星和天津四（天鵝座 α：1.25 等）連線構成另一條邊。就像一個 30°、60°、90°的直角三角板。30°頂角處是牛郎星、60°頂角處是天津四，織女星坐鎮 90°直角處。

西方故事中「織女星」是天琴座的主角（主星），是希臘的大音樂家亞里翁。他去義大利參加音樂比賽成功，獲得了很多獎品。乘船回來的途中，船伕見財起意，要把他推入海中。亞里翁要求為自己唱一首輓歌，船伕同意了。他優美的琴聲引來了附近的海豚，高亢的歌聲干擾了船伕的警覺性，他乘機跳入海中，海豚馱著他逃離了魔爪。他的那把琴就成了天琴座（見圖 2.39(b)），海豚救人有功也升天成了海豚座（圖 2.39(b)）。海豚座所在的「小動物天區」在天鵝座和天鷹座之間。

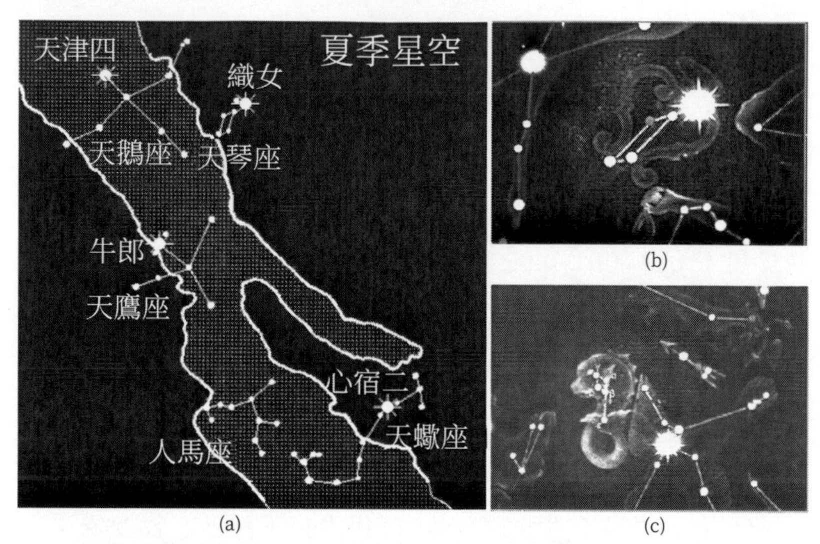

圖 2.39　夏季大三角和亞里翁彈的那把「豎琴」以及海豚座所在的夏季著名的「小動物天區」。那裡有海豚、小馬、狐狸和天箭座

組成「豎琴」的四顆星，連接 α 星的是天琴座 ζ（織女三：4.20 等），順時針轉下來是天琴座 β（漸台二：3.45 等）、天琴座 γ（漸台三：3.29 等）和天琴座 δ，它和天琴座 ε（織女二：5.20 等）構成一個雙星系統（見圖 2.40）。在夏季星空（見圖 2.41）中很明顯。

海豚座中的海豚座 α（瓠瓜一：3.77 等）和海豚座 β（瓠瓜四：3.63 等）比較亮，可以作為代表星。其他星星你就像對待周圍的小馬、狐狸、天箭一樣，大致看得出形狀就好了。

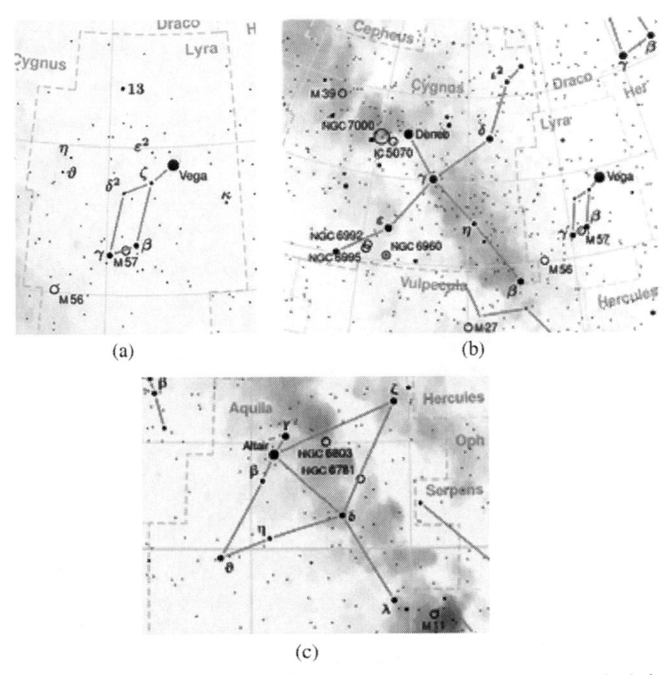

圖 2.40　西方的豎琴、東方「織女的梭子」的天琴座 (a) 和在銀河裡展翅翱翔的天鵝座 (b)，它們的下面是天鷹座，天鷹座圖中左上角就是海豚座 (c)

天鵝座就要壯觀得多，其中的天鵝座 α、天鵝座 γ（天津一：2.23 等）、天鵝座 η（輦道增五：3.89 等）、天鵝座 X-1（第一個被確認的「黑洞」）和天鵝座 β（輦道增七：3.05 等）構成「十字架」的豎劃，β 星是頭、α 星是尾；天鵝座 ν（天津五、3.94 等）、天鵝座 ξ（車府六：3.72 等）、天鵝座 δ（天津二：2.86 等）、天鵝座 γ、天鵝座 ε（天津九：2.48 等）和天鵝座 κ（奚仲一：3.80 等）構成兩個長長的翅膀，天鵝座 γ 在中間，悠閒地向著銀河系中心飛去。

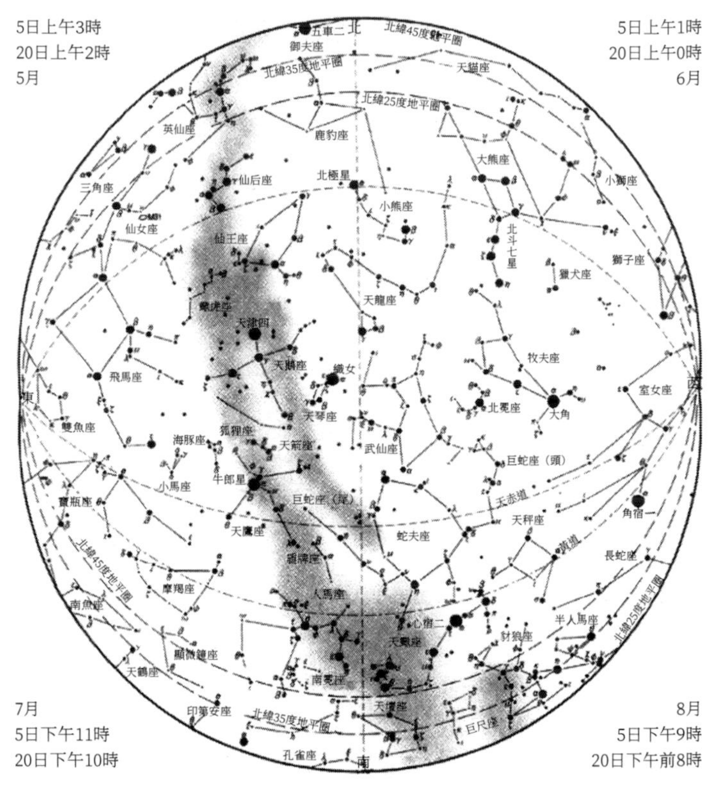

圖 2.41　夏季星空。找到夏季大三角後，很容易看到天鵝座的那個「大十字」，它和「南十字座」號稱是南北十字架，它長長的頸指向銀河系的中心處。「小動物天區」在牛郎星旁邊

天鷹座比較好找，但是星座的形態不是很好確認。天鷹座 β（河鼓一：3.70 等）、天鷹座 γ（河鼓三：2.70 等）和河鼓二（牛郎星）一起構成「三連星」，也就是傳說中的「扁擔星」。天鷹座 ζ（天市左垣六：2.95 等）、天鷹座 μ（右旗一）、天鷹座 δ（右

旗三：3.35 等）、天鷹座 η（天桴四：3.85 等）和天鷹座 θ（天桴一：3.20 等）是天鷹的兩個翅膀，天鷹座 ρ（左旗九）是尾巴，天鷹座 λ（天弁七：3.4 等）是天鷹的頭。

說完西方體系的星空，該說說春夏季節東方星空體系中重要的太微垣（見圖 2.42）和南方戰場了。《天官書》說：「太微，三光之廷。」是指日月行星都會從那裡經過的意思，黃道就是挨著左執法（室女座 η）和右執法（室女座 β）經過的。後來這一帶天區發展出「垣牆」，由於其緊臨皇宮「紫微垣」的位置，它就演變成了政府機構的所在地。沿用「太微」的名字，成了太微垣。星名亦多用官名命名，例如左執法即廷尉，右執法即御史大夫等。它們兩個也成了「守門官」，在太微垣垣牆的南端一邊一個，那裡也就稱之為南門或端門；太微左右垣共有星 10 顆。左垣 5 星，由左執法起是東上相（室女座 γ）、東次相（室女座 δ）、東次將（室女座 ζ）、東上將（后髮座 42）；右垣 5 星，由右執法起是西上將（獅子座 σ）、西次將（獅子座 ι）、西次相（獅子座 θ）、西上相（獅子座 δ）。太微垣位居於紫微垣之下的東北方。「三台星」似乎是太微垣和紫微垣共同的「階梯」。

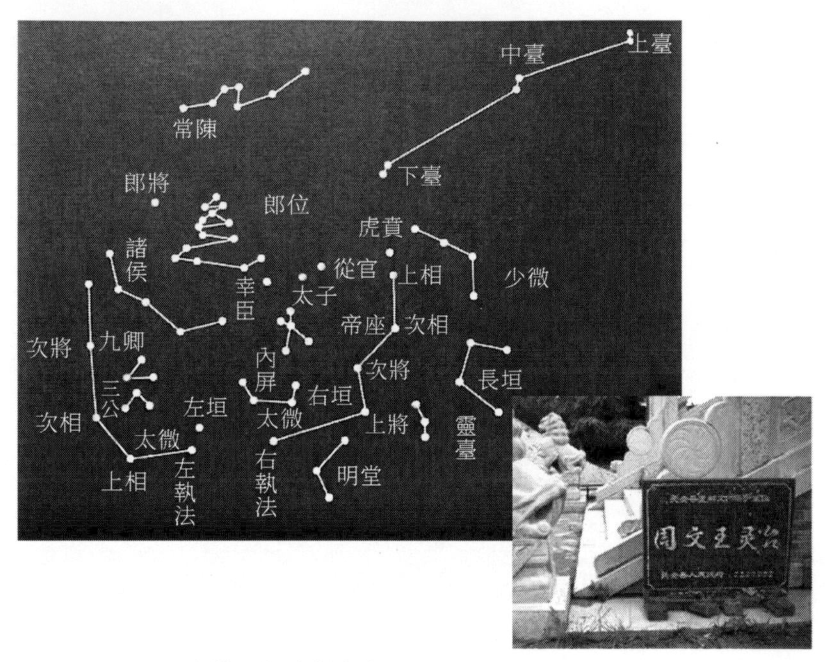

圖 2.42　太微垣和靈臺遺址

端門邊上首先是明堂，是古代帝王宣明政教的地方，凡朝會、祭祀、慶賞、選士等大典皆在此舉行。明堂三顆星都屬於獅子座，都不算亮，你知道它們在端門附近就好了。太微垣裡最重要的還是「三公九卿」，它們各自都有三顆星，都屬於室女座，也都不是很亮，位置緊臨左垣牆。它們的後面就是「五諸侯星」，五諸侯一（后髮座 39：5.99 等）、五諸侯二（后髮座 36：4.78 等）、五諸侯三（后髮座 27：5.12 等）、五諸侯四（后髮座）、五諸侯五（后髮座 6：5.10 等），它們 5 個也不亮呀，為什麼不像介紹「三公」一樣地一筆帶過呢？有 3 個理由：(1)

后髮座正好在銀河系的北極方向上，所以當后髮座到天頂時，銀河（盤）就與地平線重合。遠離了銀河系盤面氣體和塵埃物質的遮擋，「光線」容易透過去，就形成了一個從銀河系內觀看河外星系的一個極好窗口。（2）后髮座星團是我們發現的最大的星團之一，距我們 3 ～ 4 億光年。包含 1,000 個大星系，小星系可高達 30,000 個。（3）正因為它位處銀極，所以對研究銀河系結構很重要。

靠近太微右垣的就都是「皇親國戚」了。五帝座一的五顆星都屬於獅子座，這裡不是說有 5 個皇帝，而是表明東西南北中五個方位，皇帝都管。然後是太子、從官也屬於獅子座，旁邊還有一顆星叫「幸臣」，比其他大臣都要靠近皇帝，看來阿諛奉承之輩自古有之！

太微垣的星都不是很亮，可能是因為位置太靠近紫微垣，不能「喧賓奪主」的緣故吧。介紹它們主要是想讓大家了解、認識它們的結構，方便認識它們所在的星座，比如，室女、獅子等。最後要說的就是「靈臺」三星，也就是「皇家天文臺」，靈臺一（獅子座 χ、4.62 等）最亮、靈臺二（獅子座 59、5.0 等）恰好在黃道上和靈臺三（獅子座 58、4.86 等）。靈臺遺址在洛陽南郊，湖北荊州還有一個靈臺縣。

南方戰場（見圖 2.43）主要是為了對付「南蠻」的。位置在角、亢、氐三宿之南。

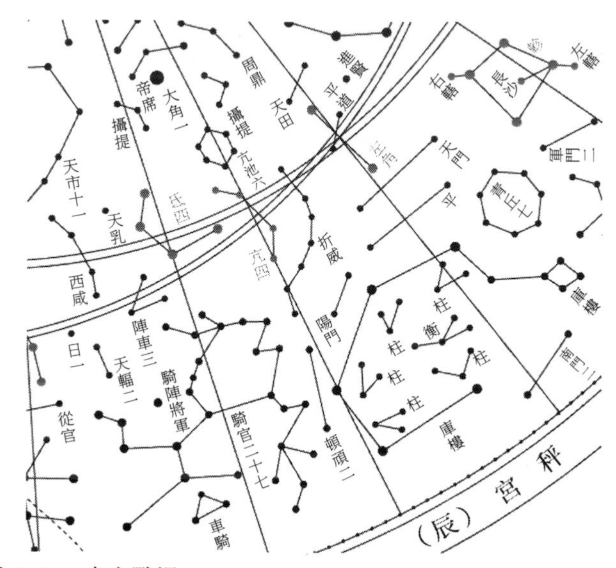

圖 2.43　南方戰場

戰場總指揮是騎陣將軍（豺狼 θ1：3.87 等），下屬有騎官二十七，主要有十星：騎官一（豺狼 γ：2.87 等）、騎官二（豺狼 δ：3.22 等）、騎官三（半人馬 θ：3.13 等）、騎官四（豺狼 β：2.68 等）、騎官五（豺狼 ι：4.05 等）、騎官六（豺狼 ε：3.37 等）、騎官七（豺狼 κ：4.27 等）、騎官八（豺狼 π：4.72 等）、騎官九（豺狼 ν：2.87 等）和騎官十（豺狼 α：2.30 等）；車騎三星：車騎一（豺狼 δ：3.41 等）、車騎二（豺狼 ξ：4.05 等）和車騎三（豺狼 ζ：4.42 等）；從官三星：從官一（豺狼 ψ2：4.77 等）、從官二（豺狼 χ：3.99 等）和從官三（增一）。然後是陣車三星：陣車一（長蛇 58：4.44 等）、陣車二（長蛇 60：5.85 等）和陣車三（豺狼 2：4.37 等）。可謂是陣容整齊、等級森嚴。

他們管帶著代表士兵的積卒星十二顆，其中最亮的兩顆：積卒一（豺狼ζ：4.24 等）、積卒二（豺狼ε：3.44 等）算是士兵的「頭目」吧。「柱星」10 顆應該是「崗樓、哨兵」。士兵和戰車都是在「庫樓（星）」裡，庫樓十星，彎曲的六顆是庫，放戰車的；圍起來的四顆是樓，住人的。十顆星均屬於半人馬座（見圖 2.44(a)）：庫樓一（半人馬座δ：2.55 等）、庫樓二（半人馬座ε：2.31 等）、庫樓三（半人馬座ζ：2.06 等）、庫樓四（半人馬座 2：4.21 等）、庫樓五（半人馬座 d：3.92 等）、庫樓六（半人馬座μ1：4.85 等）、庫樓七（半人馬座γ：2.17 等）、庫樓八（半人馬座 w：4.68 等）、庫樓九（半人馬座η：3.86 等）、庫樓十（半人馬座ξ：3.96 等）。

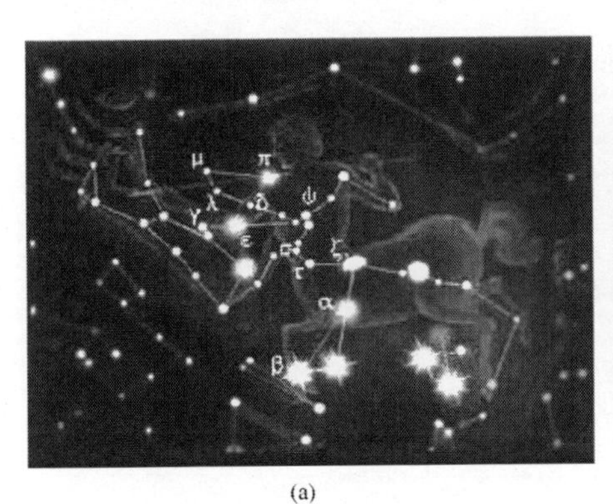

(a)

(b)

圖 2.44　半人馬座

半人馬座和人馬（射手）座不是同一件事，它屬於南天星座，位於長蛇座南面，南十字座北面。α 星古代稱為南門二，

視星等為 -0.27m，是全天第三亮星；β 星古稱馬腹一，視星等 0.61m，為全天第十一亮星。座內星雲眾多，圖 2.44(b) 為 NGC 3766，4.44 等，肉眼可見。

軍陣中開了四道門：天門、陽門、軍門和南門。其中天門跨越黃道，據說是供天體出入之門，可它在戰場內，也應具有震懾（天門）作用，天門 2 星較暗：天門一（室女座 53：5.06 等）、天門二（室女座 69：4.78 等）；陽門正對著北方：陽門一（半人馬 b：4.03 等）、陽門二（半人馬 c1：4.08 等）；軍門和南門是軍隊出擊時走的，軍門 2 星：軍門 2 星只有一顆比較亮，即軍南門（仙女座 φ：4.26 等）；南門 2 星則很亮，尤其是南門二是離我們第二近的恆星：南門一（半人馬 ε：2.30 等）、南門二（半人馬 α：-0.27 等）。看來，出入軍營的重要關口是需要重兵（亮星）把守的。

星數小結

織女星、牛郎星、天津四這些「重量級」，認識它們是必需的。

天琴座 ζ（織女三）、β（漸台二）、γ（漸台三）、δ 和 ε（織女二）。織女的梭子，也應該認識。

天鵝座 γ（天津一）、η（輦道增五）、β（輦道增七）「十字架」的豎支，也就是天鵝的身體；天鵝座 ν（天津五）、ξ（車府六）、δ（天津二）、天鵝座 γ、天鵝座 ε（天津九）和天鵝座 κ（奚仲一），天鵝的大翅膀，想要有 5 等以上的「星星證照」，就需要認識它們。

天鵝座 X-1 以及海豚座 α 和 β 大致知道在哪裡就可以了，不過，認識它們是一種很大的樂趣。

天鷹座 β（河鼓一）、γ（河鼓三）和牛郎星構成「三連星」，應該認識。其他的如天鷹座 ζ（天市左垣六）、天鷹座 μ（右旗一）、天鷹座 δ（右旗三）、天鷹座 η（天桴四）、天鷹座 θ（天桴一）、天鷹座 ρ（左旗九）、天鷹座 λ（天弁七）7 顆星，可以根據你的時間和精力決定是否去認識它們。

太微垣裡，兩邊垣牆、后髮座 5 星（五諸侯）以及靈臺 3 星，若想擁有更高等級的「星星證照」（8 級以上），可以嘗試去認識。

南方戰場中，騎陣將軍星最好要找到，那可是統帥呀！其他的騎官、從官、車騎、陣車應該各找兩顆認識。

庫樓十星都比較亮，應該認識。南門 2 星同理。陽門和軍門星，則看個人能力吧！

這樣一來，3（夏季大三角）+4（織女的梭子）+9（天鵝身子加翅膀）+7（天鷹的身體）+8（左右垣牆）+5（五諸侯）+3（靈臺）+1（騎陣將軍）+8（騎官等）+2（南門）一共有 50 顆星啦！認識當中的 25 顆星應該沒問題吧。

到此，60+25=85，搞定「星星證照」8 級是綽綽有餘的。

2.2.3 秋季：飛馬、仙女、老人星、天市垣

秋夜北靠地平，仙后五星空中升；
仙女飛馬四方控，東西南北連連清；
英仙夜照老人星，南方星空放光明；
天市垣裡交易忙，天田遍野忙收成。

這八句詩交代了什麼？首先，要確定方位。秋季的北斗七星在較低緯度地區較難看到，找北極星就主要靠仙后座的「W」組合了。好在它們都很亮，很好找，也類似北斗七星的樣子，就在你的頭頂的右上方。如果你覺得利用「W」組合找起來還是有些複雜，我們還有其他辦法，你可以利用「秋季大四方」，天文學中稱之為「天然定位儀」（見圖 2.45）。

秋季大四方（見圖 2.46）由飛馬座 α（室宿一、2.45 等）、β（室宿二、2.40 等）、γ（壁宿一、2.80 等）三顆星和仙女座 α（壁宿二、2.06 等）構成，在天空中非常醒目。每當秋季飛馬座升到天頂的時候，這個大四邊形的四條邊恰好各代表了一個方向，的確就是一臺「天然定位儀」。連接仙女座 α 和飛馬座 β 以及連接飛馬座 γ 和 α 指示的就是東西方向；連接仙女座 α 和飛馬座 γ 以及連接飛馬座 β 和 α 指示的就是南北方向。將後兩個連線的長度延長四倍，那裡就是北極星。「路途上」你可以看見仙后座「W」的身影。

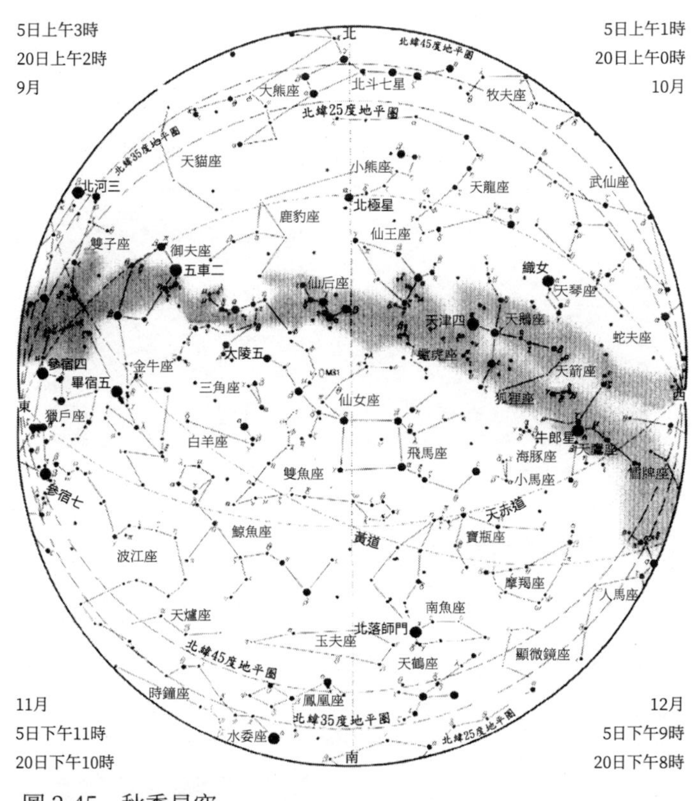

圖 2.45　秋季星空

從「秋季大四方」西側的那條邊（飛馬座 β 和 α 的連線，星空圖是需要拿起來看的）向南延伸約 3 倍，會找到秋季南面夜空中最亮的星四大天王的「南星」——北落師門（南魚座 α、1.16 等）；從「秋季大四方」東側的那條邊向南延伸同樣的長度，便到達黃道上的春分點的附近，太陽在每年春分時（即 3 月 20 日或 21 日）都經過此點。

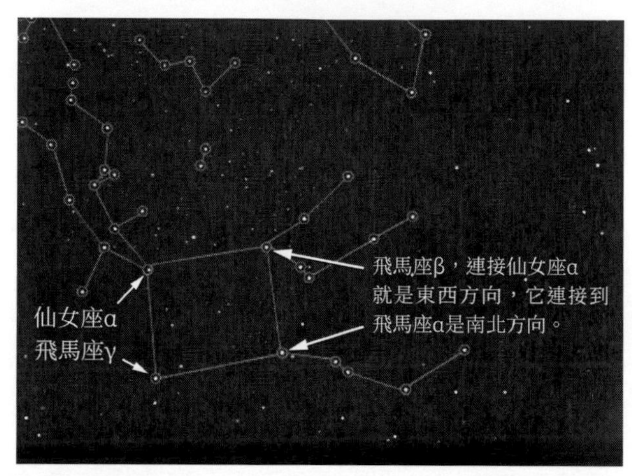

圖 2.46　秋季大四方

找到「秋季大四方」，現在注意一下「飛馬」的形狀，怎麼看似乎也看不出哪裡像「馬」或是「飛馬」。訣竅是：你要倒著看（見圖 2.47）。

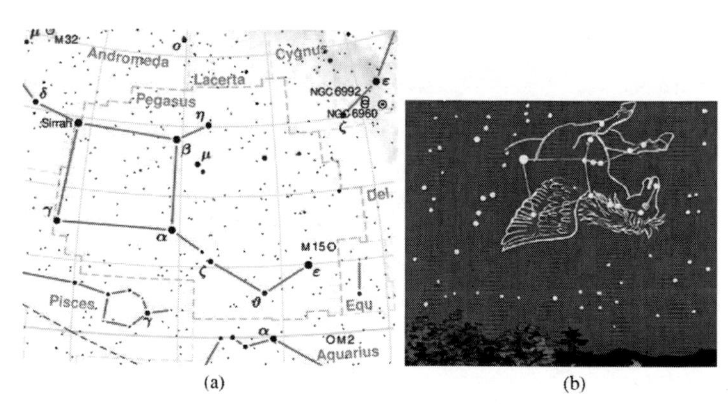

圖 2.47　「飛馬」當然要飛起來，飛起來的馬，就無所謂正反了

最要緊的是飛馬的身體（還有翅膀），它由大四方的四顆星組成。連接飛馬座α、ζ（雷電一：3.40 等）、θ（危宿二：3.50 等）構成馬脖子；θ 和 ε（危宿三：2.35 等）的連線就是馬頭；至於馬腿，飛起來的馬腿就不是那麼重要了，從飛馬座 β 分別伸出到 η（離宮四：2.90 等）和 μ（離宮二：3.50 等）的方向上，就是飛馬的兩條「前腿」。但是，飛馬座中最引人注目的恆星是飛馬座 51、亮度 5.49 等，是一顆類似太陽的恆星，距離太陽系約 47.9 光年。1995 年被發現有行星圍繞該恆星公轉，是繼太陽系外首個被證實有行星的恆星。

如果說飛馬因為是「倒著飛」讓我們很難辨認，那麼若要探討仙女座（見圖 2.48）中的「仙女」究竟是什麼姿勢，我們就只能一笑置之了。

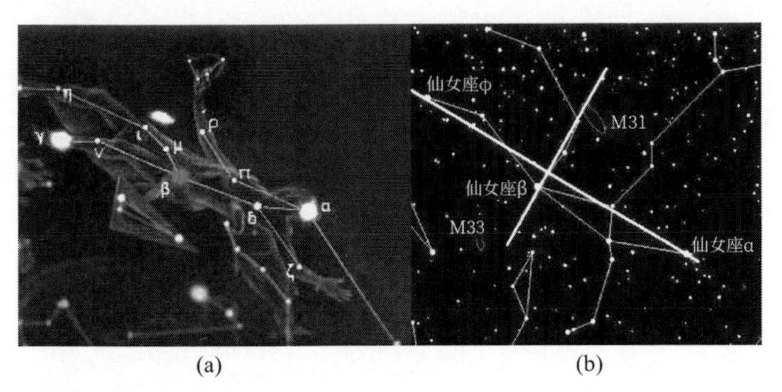

圖 2.48　仙女座

從圖 2.48 中看，仙女也應該是在飛。圖 2.48(b) 中的「十字架」短的一條，是為你指出著名的仙女座大星雲（M31）和

M33 的位置。

飛在空中的仙女，α 星是它的頭；從仙女座 δ（奎宿五：3.27 等）分別向仙女座 ζ（奎宿二：4.08 等）和仙女座 π（奎宿六：4.34 等）、ρ（天廄二：5.16 等）兩邊是它的雙臂（或是翅膀？）；δ 連接仙女座 β（奎宿九：2.06）是它的軀幹；兩腿從 β 星處分為：β、μ（奎宿八：3.86 等）、ι（騰蛇二十二：4.29 等）到 η（奎宿一：4.40 等）和 β、ν（奎宿七：4.53 等）到 γ（天大將軍一）。

仙女座裡比「秋季大四方」更著名天體就是 M31——仙女座星系了。它和銀河系屬於一個星系團，而且根據觀測它們正在靠近對方。它肉眼可見，總星等為 4 等，單位面積的亮度平均為 6 等，晴朗無月的夜晚用肉眼依稀可見，像一小片白色的雲霧。與其相對的 M33，稱為三角座星系，也屬於「本星系團（銀河系所在的星系團）」，亮度 5.72 等。星空條件好的情況下，也能夠看到。

對於秋天的星空，還有一個應該注意的星座就是英仙座。有如下三個引人注意的原因，第一，它「橫跨」秋天的銀河（雖然因為是銀盤方向而不是很亮）；第二、大陵五變星，那個蛇髮女妖「美杜莎」就在英仙座；第三，它有壯觀的、不會「放你鴿子」的英仙座流星雨。每年 11 月 7 日子夜英仙座的中心經過上中天。對於天文愛好者來說能找到英仙座 α（天船三：1.79 等）和英仙座 β（大陵五）兩顆星就可以了。

秋天最應該去看的一顆星就是老人星（船底座α：-0.72 等）了，全天第二的亮星。但是，在大部分地區，因為太靠近南天極，所以很難被看到。觀測老人星的最佳時間段是每年的二月分。

現在說說東方星官體系中的天市垣。天市垣又名天府，長城。市者，四方所樂。既是老百姓的交易場所，也是天子接見地方官員的地方。天市垣內外，可以說是中國古代星空中最熱鬧的地方，環繞天市垣的一圈圍牆其實是各個州郡的朝拜之地：魏、趙、九河、中山、齊、吳越、徐、東海、燕、南海、宋列在左邊，河中、河間、晉、鄭、周、秦、蜀、巴、梁、楚、韓列在右邊，中間是天帝的座位。各地使節各帶各的地方特產來進貢給天帝。

天市垣（見圖 2.49）在紫微垣的東南角。

天市垣的中心是帝座（武仙座α：3.20 等），天子腳下的市場，「留座」給皇帝是很重要的。帝座四周有宦者 4 星，是伺候皇上的，都不是很亮，最亮的是宦者一（武仙座：4.99 等）。侯星（蛇夫座α：2.08 等）一顆，它的作用很大，也有點神祕。因為，雖有「帝座」，但是皇帝不一定常在，所以「侯」是他的代表；另外他還具有掌握市場變化、公布行情等作用，算是市場「調度官」吧。女床三星是天帝的妻妾停留、休息的地方，她們或許也喜歡「逛市場」。女床一（武仙π：3.19 等）、女床二

（武仙 69：4.66 等）、女床三（武仙 ξ：4.17 等），三顆星離得很近，比較好找。

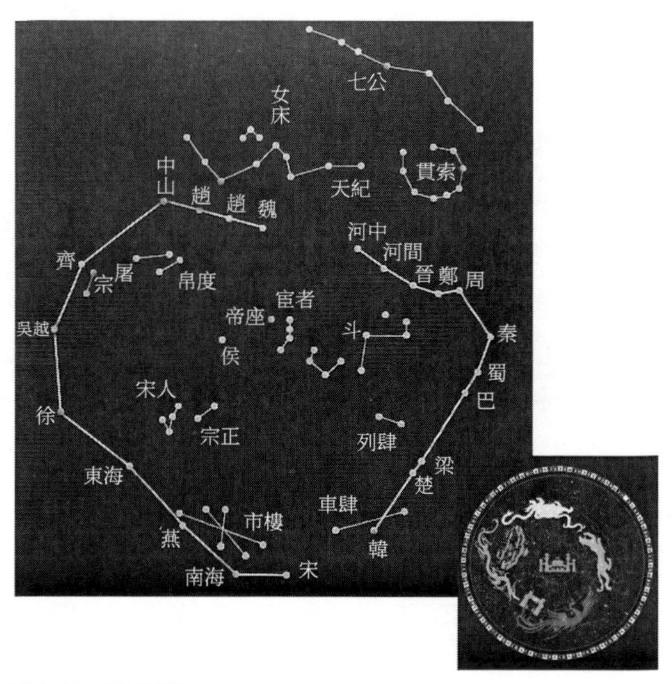

圖 2.49　天市垣

七公是七位政府官員，掌管重要的民生問題，他們屬於皇帝的委派官員：七公一（武仙 42：4.88 等）、七公二（武仙 η：3.89 等）、七公三（武仙 θ：4.26 等）、七公四（武仙 χ：4.62 等）、七公五（牧夫 λ1：5.02 等）、七公六（牧夫 κ1：4.31 等）、七公七（牧夫 δ：3.47 等），七公七最亮，盡可能先找到它，然後就方便找到七公的圖形啦。貫索和天紀各 9 星是「天牢」和司法部門，貫索最亮的是貫索四（北冕座α：2.40等），天紀最亮的是天紀二（武仙δ：2.89等）。貫索9星為：貫索一（北冕座π：5.59等）、貫索二（北冕座ζ：4.16等）、貫索三（北冕座β：3.68等）、貫索四（北冕座α：2.40等）、貫索五（北冕座γ：3.84等）、貫索六（北冕座δ：4.63等）、貫索七（北冕座ε：4.15等）、貫索八（北冕座η：4.99等）、貫索九（北冕ξ：5.41等）；天紀九星為：天紀一（北冕座μ：4.85等）、天紀二（武仙ξ：2.89等）、天紀三（武仙ε：3.92等）、天紀四（武仙59：5.29等）、天紀五（武仙61：6.21等）、天紀六（武仙68：4.82等）、天紀七（武仙：6.06等）、天紀八（武仙座）、天紀九（武仙ζ：3.86等）。

市場內分工很清楚。宗正、宗人、宗星是管理機構，戰國時期的星相家石申說：「宗者，主也；正者，政也。主政萬物之名於市中。」宗正2星：宗正一（蛇夫β：2.77等）、宗正二（蛇夫γ：3.75等）；宗人4星：宗人一（蛇夫66：4.81等）、宗人二（蛇夫67：3.95等）、宗人三（蛇夫68：4.44等）、宗人四（蛇夫70：4.05等）；宗2星：宗一（武仙110：4.21等）、宗二（武仙111：4.36等）。他們「值班」應該是在市樓（6星）之上：市樓一（蛇夫κ：4.62等）、市樓二（巨蛇ν：4.26等）、市樓三（蛇夫η：5.24等）、市樓四（巨蛇λ：4.33等）、市樓五（巨蛇：6.22等）、市樓六（蛇夫）。一般能認識宗正2星、宗人二1星、宗1星和市樓中最亮的市樓二也就不錯啦。其他各星我們是提供給擁有高級「星星證照」的人查詢用的。

如果說市場的管理機構是市場的「軟體」，那列肆、車肆、屠肆、帛度、斗斛等就屬於市場的「硬體設施」。

- ★ 列肆 2 星，是寶玉及珍品市場：列肆一（巨蛇 ζ：4.82 等）、列肆二（蛇夫 ι：3.82 等）。
- ★ 車肆 2 星，百貨市場：車肆一（蛇夫 υ：4.82 等）、車肆二（蛇夫 20：4.66 等）。
- ★ 屠肆 2 星，屠畜市場：屠肆一（武仙座 109：3.87 等）、屠肆二（武仙座 98：4.98 等）。
- ★ 帛度 2 星，布匹、紡織品市場：帛度一（武仙座 95：4.28 等）、帛度二（武仙座 102：4.39 等）。
- ★ 斗（量固體的器具）星 5 顆、斛（量液體的器具）星 4 顆：斗一（武仙座 ω：4.59 等）最亮，和其他四星構成「斗型」在「宦者」星旁邊；斛二（蛇夫 θ：3.20 等）最亮，挨著斗星。

天市垣的圍牆把市場圍了起來，可感覺它們更像是通往全國各州縣的、四通八達的商貿通道。天市左垣（從上到下）：魏（武仙座 δ：3.14 等）、趙（武仙座 λ：4.41 等）、九河（武仙座 μ：3.42 等）、中山（武仙座 ο：3.83 等）、齊（武仙座 112：5.45 等）、吳越（天鷹 ζ：2.99 等）、徐（巨蛇 θ1：4.06 等）、東海（巨蛇 η：3.26 等）、燕（蛇夫 ν：3.34 等）、南海（巨蛇 ξ：3.54 等）、宋（蛇夫 η：2.43 等）；天市右垣（從上到下）：河中（武仙座 β：2.77 等）、河間（武仙座 γ：3.75 等）、晉（武仙座 κ：5.00 等）、鄭（巨蛇 γ、3.85 等）、周（巨蛇 β：3.67 等）、秦（巨蛇 δ：3.80 等）、蜀（巨

蛇 α：2.65 等）、巴（巨蛇 ε：3.71 等）、梁（蛇夫 δ：2.74 等）、楚（蛇夫座 ε：2.43 等）、韓（蛇夫座 ζ：2.56 等）。

星數小結

這一節星數較多，特別是熱鬧的天市垣。對於初學者來說，認識一些標識星就應該可以了。

秋季大四方，無論從哪個角度來說都很重要。所以四顆星加上北落師門 5 顆星，應該都要熟悉。

飛馬座的 ζ（雷電一）、θ（危宿二）、ε（危宿三）、η（離宮四）、μ（離宮二），主要應該去認識飛馬的圖形，對於飛馬座 51 建議特別重視一下。

仙女座圖形相對要難認一些，仙女座 δ（奎宿五）、ζ（奎宿二）、π（奎宿六）、ρ（天廄二）、β（奎宿九）、μ（奎宿八）、ι（螣蛇二十二）、η（奎宿一）、ν（奎宿七）。有 6 級以上「星星證照」的人可以嘗試一下。

英仙座兩顆星和老人星應該認識。

天市垣裡，帝星、侯星、七公七、貫索四、天紀二需要認識，其他的星知道大概位置就好了。

宗正 2 星要找到，然後，知道宗人星在它們邊上，兩顆宗星在左邊垣牆邊上即可。

市樓星找到市樓二就好了，列肆、車肆都很暗，知道它們在右邊垣牆邊上就可以了；斗 5 顆星、斛 4 顆星也不亮，但要確定一下它們在列肆、車肆的上面，宦者星的下面。

屠肆 2 星找屠肆一（武仙座 109），帛度 2 星挨著它的。

左右垣牆，最好是 22 星都照順序找下來。有 5 級以上的同樣，起點的河中星（武仙座 β），終點的韓星（蛇夫座 ζ）和中間的蜀星（巨蛇 α）要找到，並且連起來。

這樣，我們再做做加法：5（大四方和北落師門）+3（飛馬座兩顆形狀星和 51 星）+2（仙女座兩顆形狀星）+3（英仙兩顆加老人星）+5（帝、侯、七公、貫索和天紀各一）+3（宗正亮星加市樓二）+1（屠肆一）+6（左右垣牆各三顆星）。加在一起有 28 顆。到上一次星數小結時，我們已經最少認識 85 顆星了，所以，到現在超過 100 顆星是絕對沒問題的！

2.2.4 冬季：波江座、漸台天田、北方戰場

三星高照入寒冬，新年來到繁星明；
三角套著六邊形，群星閃耀在頭頂；
北方戰場馬蹄急，萬將之首天狼星；
漸台天田土司空，波江一條橫太空。

對於生活在江南的人們來說，冬天來了，大熊（星座）就「去了」。但是，還可以利用獵戶座（見圖 2.50）的亮星來定方向、找星星。在冬天的晚上，獵戶座是最容易找到的，它由四顆亮星組成巨大的長方形，長方形的中間有三顆亮星斜著排列，它們就是前面歌謠裡的「三星」。獵戶右肩的大紅星叫做參宿四（獵戶座 α：0.07 等），左腳的大藍星叫參宿七（獵戶座 β：0.15 等）。中間腰帶的三星是參宿一（獵戶座 ζ：1.85 等）、參宿二（獵戶座 ε：1.65 等）與參宿三（獵戶座 δ：2.40 等）。我們從獵戶中間的參宿二與北上方獵戶的頭，獵戶座 λ（觜宿一：

「星星證照」的人，起碼左邊的起點魏星（武仙座 δ），終點宋星（蛇夫 η）和中間的吳越星（天鷹 ζ）要找到，並且連起來；右邊

3.54 等）連成一線，則此線指向北極星。

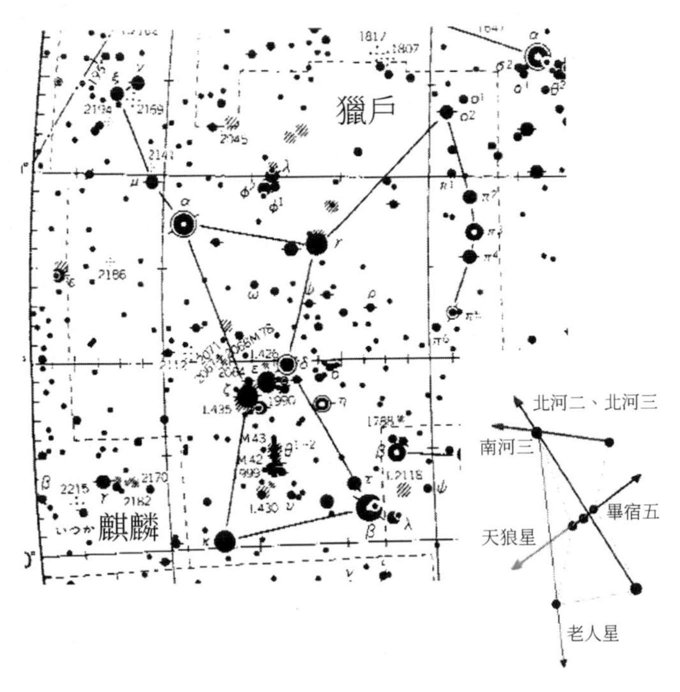

圖 2.50　獵戶座

獵戶的右腳是參宿六（獵戶座 κ：2.05 等）、獵戶的左肩是參宿五（獵戶座 γ：1.60 等）；高舉的「棒子」由 μ（觜宿南四：4.30 等）、ξ（水府二：4.40 等）、ν（水府一：4.45 等）組成；伸出去的左臂拿著一張弓，從 o2（參旗二：4.05 等）星開始，一直向下連成一個弧形，它們是 π1（參旗四：4.60 等）、π2（參

旗五：4.35 等）、π3（參旗六：3.15 等）、π4（參旗七：3.65 等）、π5（參旗八：3.70 等）、π6（參旗九：4.45 等）。

透過獵戶座能夠很容易找到其他的星。把獵戶的腰帶往西南方伸延就能找到天狼星（大犬座 α、-1.46 等）；向東北方則會碰到畢宿五（金牛座 α）。沿著獵戶的肩膀往東就是南河三（小犬座 α、2.67 等）。從參宿七往參宿四的方向一直伸延就可見到北河二（雙子座 α）及北河三（雙子座 β）。這樣，參宿七、畢宿五、五車二、北河三、南河三和天狼星就構成了著名的「冬季六邊形」，它們都非常亮，重要的是在冬季的星空極容易辨認，就是那種你一抬頭，它們就在那裡的感覺！另外，連接南河三和天狼星以及參宿四就是「冬季大三角」。一個絕妙的正三角形（見圖 2.51）。

從獵戶腰帶掛下來的是他的劍，它是由獵戶座 θ1（伐二：4.0 等）及獵戶座 θ2（伐一：4.55 等）及獵戶座大星雲（M42）所組成，在古代稱為伐星。另一著名的星雲就是位於獵戶座 ζ（參宿一）處的馬頭星雲（IC 434），它的名字來自當中的一團形似馬頭的黑色塵埃（見圖 2.52）。

獵戶座可以說是冬天星空，甚至是全年裡最壯麗、漂亮的一個星座了。但是要數最長的星座，東西跨度是長蛇座，我們前面已經介紹了，而南北跨度最大的是波江座，甚至談論它還要區分「上游」、「中游」、「下游」（見圖 2.53）。它起始於獵戶座和鯨魚座之間，彎彎曲曲向南延伸，一直流到赤緯 -50° 以南。

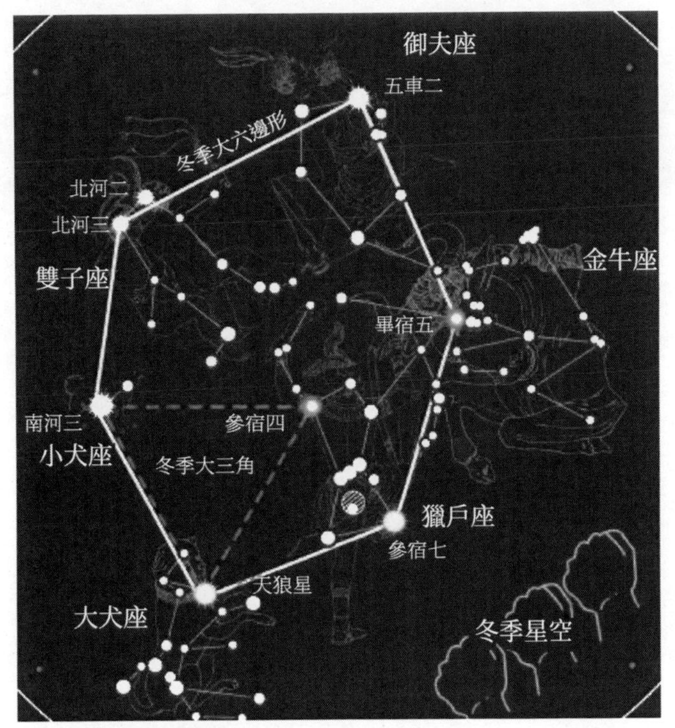

圖 2.51 冬季六邊形和大三角

圖 2.52　獵戶座大星雲 (M42) 和馬頭星雲

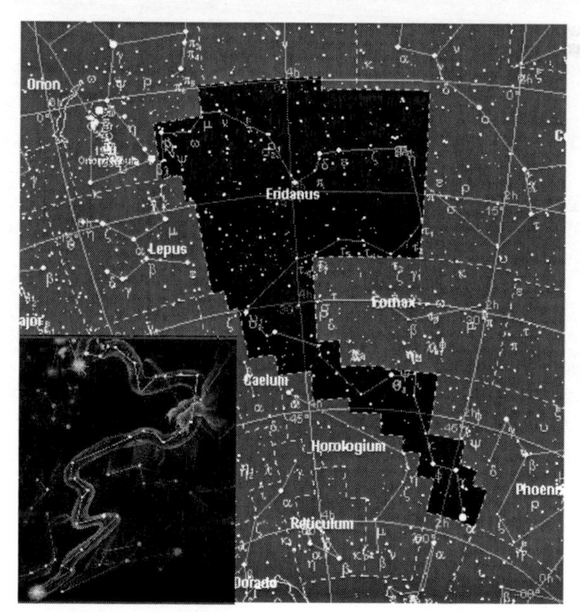

圖 2.53　蜿蜒曲折的波江座

波江座的源頭是波江 β 星（玉井三：2.45 等），它緊靠著參宿七（獵戶座 β），向南流去，上游是 ω（九斿三：4.39 等）、μ

（九州殊口三：5.17 等）、ν（九州殊口二：4.04 等）、ο（九州殊口增二：4.00 等）到 γ（天苑一：2.95 等）；中游從 γ 到 π（天苑二：4.42 等）、δ（天苑五：4.80 等）、ε（天苑四：3.73 等）、ζ（天苑五：4.80 等）、η（天苑六：3.85 等）、τ1（天苑增星）、τ2、τ3、τ4、τ5、τ6、τ7、τ8（天苑增星）；下游是 υ1（天園十三：4.51 等）、υ2（天園十二：3.83 等）、υ3（天園十一：3.99 等）、υ4（天園十：3.57 等）、g（天園九：4.19 等）、h（天園七：4.61 等）、θ（天園三：3.56 等）、ι（天園四：4.25 等）、κ（九游二：4.02 等）、φ（天園五：4.76 等）、χ（天園二：3.70 等）直到 α 星（水委一：0.46 等），那裡已差不多是南天極了。

波江座有「天苑」、「天園」。「天苑」是養家畜的場所，天苑 16 星大多屬於波江座，就是亮星很少；「天園」是栽種林木、果樹的場所，也大多屬於波江座；農牧業最重要的還是種糧食，所以有天田 9 星，也不亮。但是有很多故事，挨著它們的有牛宿的牽牛星，還有織女星，在它們下面就是「十二國星」廣域的田地在人馬座。此外，還有主灌溉溝渠的天淵十星，大多也在人馬座；漸台、輦道、羅堰、九斿、九坎等，都和農牧業有關，管理這些事物的官員叫「土司空」（鯨魚座 β、2.04），它和北落師門一樣是很靠南的兩顆亮星之一。

農具方面有箕、糠、杵、臼星，也多在人馬座（南斗），其中杵一到杵三組成了天壇座，兩顆主星較亮：杵二（天壇 α：2.95 等）、杵三（天壇 β：2.84 等）。

耕作的民眾有丈人（星）、子（星）、孫（星）、農丈人（星），農丈人在人馬座，星等 4.88，仔細一點是能找到的。他們養了很多天雞（星）、狗（星），都在人馬座。天雞一（人馬 55：5.08 等）、天雞二（人馬 56：4.89 等）。還有鱉星 11 顆，其中最亮的鱉一（望遠鏡座 α：3.51 等），如果去南半球就能找到。

最熱鬧的還是「北方戰場」（見圖 2.54）。它位於北方七宿的南面，在戰場的北偏西有「狗國（星）」4 星，都較暗；還有「天壘城」13 顆星，最亮的是天壘城十（寶瓶座 λ：4.50 等）。都代表北方少數民族。

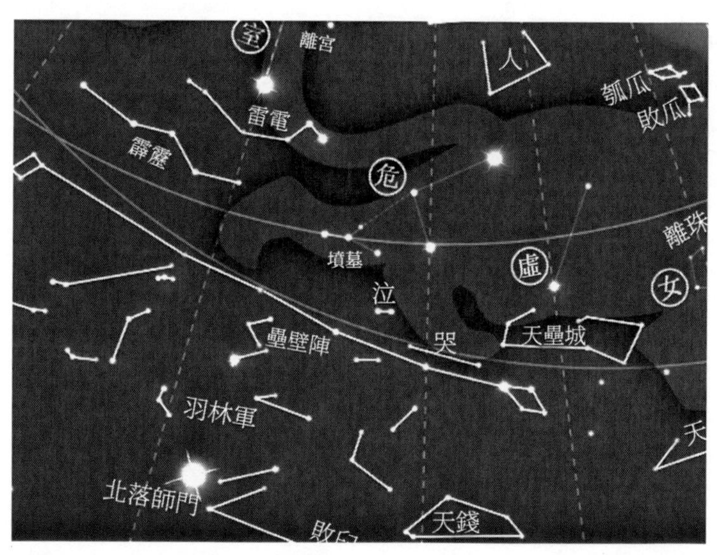

圖 2.54　星空中的「北方戰場」

走進戰場，最搶眼的就是壁壘陣。自西南向東北由 12 星組成，屬於我們前面介紹過的黃道星座中的摩羯、寶瓶、雙魚各 4 顆，其中壁壘陣四（摩羯座 δ：2.87 等）最亮。一帶長壁，兩邊各有一個由四顆星組成的敵樓。它的後面住著強大的羽（御）林軍。羽林軍有 45 顆星，5 顆屬南魚座，最亮的是羽林軍八（南魚座 ε：5.20 等）。其他 40 顆都在寶瓶座，最亮的是羽林軍二十六（寶瓶座 δ：3.17 等）。這個戰場比較重要，且北方強敵一向凶蠻，所以代表皇帝的「天綱」星（南魚座 δ：4.21 等），親自坐鎮指揮。邊上還有直通大後方不斷有兵力和給養支援的北落師門。看來在這個戰場，中原是屬於守勢，不僅有長長的壁壘陣，還有專門為敵人設下的陷阱——6 顆八魁星，都在鯨魚座，最亮的是八魁六（鯨魚座 7：4.46 等）。還有銳利的兵器斧鉞（3 星都在寶瓶座、都很暗）以及雷電 6 星（都在飛馬座）助陣，最亮的是雷電一（飛馬座 δ：3.40 等）。慘烈的戰場自然有哭星（2 顆、摩羯寶瓶各一顆）和泣星（2 顆、都在寶瓶座），還有墳墓 4 星：墳墓一（寶瓶座 δ）、墳墓二（寶瓶座 γ）、墳墓三（寶瓶座 ε）和墳墓四（寶瓶座 π），都在黃道星座裡介紹過，最亮的是墳墓一 3.67 等。這些星告訴我們，為什麼北方戰場是位於危（機）宿和虛（虛無、荒涼）宿之間。

星數小結

首先是冬季六邊形我們前面沒有介紹的幾顆星：天狼星（大犬座 α：-1.46 等）、南河三（小犬座 α：2.67 等）、參宿七（獵戶座 β：0.15 等）。

然後就是獵戶座的「形狀星」：參宿四（獵戶座 α：0.07 等）、參宿一（獵戶座 ζ：1.85 等）、參宿二（獵戶座 ε：1.65 等）、參宿三（獵戶座 δ：2.40 等）和獵戶座 λ（觜宿一：3.54 等）；還可以進一步：參宿六（獵戶座 κ：2.05 等）、參宿五（獵戶座 γ：1.60 等）；獵戶座 μ（觜宿南四：4.30 等）、ξ（水府二：4.40 等）、ν（水府一、4.45 等）；獵戶座 o2（參旗二、4.05 等）、π1（參旗四：4.60 等）、π2（參旗五：4.35 等）、π3（參旗六：3.15 等）、π4（參旗七：3.65 等）、π5（參旗八：3.70 等）、π6（參旗九：4.45 等）。

波江座，源頭：波江 β 星（玉井三：2.45 等）；中游起始星波江 γ（天苑一：2.95 等）；下游起始星波江 υ1（天園十三：4.51 等）到終點波江 α 星（水委一：0.46 等）。

土司空（鯨魚座 β：2.04）、杵二（天壇 α：2.95 等）、杵三（天壇 β：2.84 等）和鱉一（望遠鏡座 α：3.51 等）。這些有故事且又比較亮的星應該找到。

北方戰場：天壘城十（寶瓶座 λ：4.50 等）、壁壘陣四（摩羯座 δ：2.87 等）、羽林軍二十六（寶瓶座 δ：3.17 等）、「天綱」星（南魚座 δ：4.21 等）和八魁六（鯨魚座 7：4.46 等）這些星，循著我們的故事找下去，會很有樂趣的。

這樣，冬天我們就收穫了 3（六邊形）+10（獵戶座）+4（波江座）+ 4（農牧業）+5（北方戰場），一共 26 顆星，這已經是精心挑選過的。

好啦！春夏秋冬一年，再加天極、黃道的星星，至少 110 顆了，下面我們來安排「星星證照」的座次。

2.3 我要做「星星證照」

我們的「星星證照」分級是以你認識的星星的數目為基本標準的。從「星星證照」1 級到最高的「星星證照」10 級，每上升一級你需要多認識 10 顆星。在 1 ～ 4 級時，我們為你選擇的標準星，是基本「固定」的，也就是說你要具備一定的「星星證照」基礎。等級越高，需要認識的星星就越多，你可選擇的餘地就越大……比如，「星星證照」1 級的 10 顆星，大家都是北斗七星加北極星，再加一顆季節星、一顆方位星。

2.3.1 「星星證照等級」的劃分

對於有「星星證照」的人，我們都封了「頭銜」，鼓勵你多看書、多看科普書、多看天文學的書。

★「星星證照」1 級，被封為「蒼龍宮宮主」，需要認星 10 顆以上；
★「星星證照」2 級，被封為「朱雀宮宮主」，需要認星 20 顆以上；
★「星星證照」3 級，被封為「白虎宮宮主」，需要認星 30 顆以上；
★「星星證照」4 級，被封為「玄武宮宮主」，需要認星 40 顆以上；

★「星星證照」5 級，被封為「天市垣堡主」，需要認星 50 顆以上；
★「星星證照」6 級，被封為「太微垣堡主」，需要認星 60 顆以上；
★「星星證照」7 級，被封為「紫微垣堡主」，需要認星 70 顆以上；
★「星星證照」8 級，被封為「星主」，需要認星 80 顆以上；
★「星星證照」9 級，被封為「星帝」，需要認星 90 顆以上；
★「星星證照」10 級，你就是「天帝」，需要認星 100 顆以上。

一般來說，1 ～ 4 級為「基礎級」，屬於初學者，以興趣愛好為主；5 ～ 7 級為「進階級」，應該具備一定的辨識方位、辨認星空的能力；8、9 兩級為「科普級」，就是你可以把你的天文學知識去普及給你的朋友們和一般人了。而「星星證照」10 級的人，那必須是「上知天文，下曉地理」的「天上霸主」啦！

2.3.2 好霸氣的「星星證照」

「世界那麼大，我想去看看！」
——「世界那麼大，你打算憑什麼去看看？」
「星空那麼燦爛、美麗，我想認識那些星星！」
「OK！『星星證照』在手，你一定能認識那些漂亮、正向你眨眼睛的星星。」

我們將為你列出達到「星星證照」各級所需要認識的星星

名稱，其中包括必選星、可選星和參考星三種。必選星代表了你的基本水準，數目會達到「星星證照」等級要求星數的大部分；可選星我們會以超過 2 ： 1 的比例，為你提供需要認識的星星，你可以按照你的興趣、喜好進行選擇，以達到「星星證照」等級的要求；參考星是一些略有「難度」的星，比如，星比較暗，但是它對你來說又很重要，類似於你的星座本命星等情況。也就是說，當具有特定的理由時，你才可能去選擇它們。

下面列出「星星證照」1 ～ 10 級需要認識的星星。

1·「星星證照」1 級（10 顆星）

★ 必選星（8 顆）：北斗七星、北極星；
★ 可選星（2 顆）：四大天王：獅子座 α 星（軒轅十四）、天蠍座 α 星（心宿二）、南魚座 α 星（北落師門）和金牛座 α 星（畢宿五），你可以四選一；黃道十二星座中選你的星座主星（除去雙子座外，都是 α 星），十二選一。

2·「星星證照」2 級（20 顆星）

★ 必選星（9 顆）：仙后座「W」形 5 星、四大天王餘下的 3 星再加上全天最亮的金星；
★ 可選星（1 顆）：黃道十二星座，你的星座標識星。

3．「星星證照」3級（30顆星）

★ 必選星（8顆）：文曲星1顆、四季標識星4顆：春季牧夫座α星（大角）、夏季天琴座α星（織女）、秋季仙女座γ星（天大將軍）、冬季大犬座α星（天狼）；五大可視行星的3顆：火星、木星、土星；
★ 可選星（2顆）：黃道十二星座中，你的星座再加2星。

4．「星星證照」4級（40顆星）

★ 必選星（8顆+）：黃道十二星座所有主星；
★ 可選星（2顆）：北極5星和勾陳6星，各選1顆以上。

5．「星星證照」5級（50顆星）

★ 必選星（10顆+）：春季大曲線中，兩顆主星已經認識，這裡要確認連線並找到烏鴉座的位置、春季大三角（1顆、獅子座β）；夏季大三角2星（並連線）：天鵝座α（天津四）和天鷹座α星（牛郎）；秋季大四方4顆（並連線）：飛馬座α、β、γ和仙女座α星；冬季六邊形2顆（並連線）：獵戶座β（參宿七）和小犬座α（南河三）、冬季三角形1顆（並連線）；獵戶座α（參宿四）；
★ 可選星（1顆+）：試著找找水星。

6．「星星證照」6 級（60 顆星）

- ★ 必選星（10 顆 +）：黃道十二星座所有標識星；
- ★ 可選星（3 顆 +）：連接太微垣和紫微垣的 6 顆三台星中的 3 顆。

7．「星星證照」7 級（70 顆星）

- ★ 必選星（8 顆 +）：四季主要星座標識星：獅子座、天蠍座、飛馬座、獵戶座；
- ★ 可選星（3 顆 +）：紫微垣的左樞天龍座 η、右樞天龍座 α；太微垣的兩邊垣牆的連線以及靈臺 3 星的形狀要熟悉；天市垣的帝星（武仙座 α）要找到，兩邊垣牆的形狀、走向要搞清楚。

8．「星星證照」8 級（80 顆星）

- ★ 必選星（10 顆 +）：四季中各選一個星座，起碼認識標識星；
- ★ 可選星（3 顆 +）：中國星官圖中的西北戰場、南方戰場和北方戰場，每個戰場選擇一顆自己認為的標識星。

9．「星星證照」9 級（90 顆星）

- ★ 必選星（10 顆 +）：較重要和「流行」的星座，如北極附近的大熊座、春季的獅子座、夏季的天鵝座和天蠍座、秋季的飛馬座和仙后座以及冬季的獵戶座和南十字座等，都要按照習慣的星座連線把星座星認全；較重要、或在前面沒有提到的重要的星星，如老人星、土司空、大陵五等，也要認識。

★ 可選星（10 顆 +）：全面熟悉三垣中的主要星星。

10．「星星證照」10 級（100 顆星）

熟悉黃道十二星座；認識並可以為別人介紹春季大曲線和大三角、夏季大三角、秋季大四方、冬季六邊形和大三角；熟知利用星星的連線辨別方向的各種辦法；熟悉月亮和五大行星的視運動情況；開始嘗試利用望遠鏡（從雙筒望遠鏡開始）去認識梅西耶天體。

為了方便查閱，我們為你列出表 1。

表 1　「星星證照」1～10 級選星列表

等級	稱號	星數	必選星	可選星
1	蒼龍宮宮主	10	北斗七星、北極星	四大天王、黃道星座主星各選一
2	朱雀宮宮主	20	仙后座五星、四大天王餘下的三星、金星	黃道（自我）星座標識星
3	白虎宮宮主	30	文曲星、四季標識星、火木土星	黃道（自我）星座形狀星加兩顆
4	玄武宮宮主	40	黃道十二星座所有主星	北極五星、勾陳六星

等級	稱號	星數	必選星	可選星
5	天市垣堡主	50	春季大曲線、三角；夏季大三角；秋季大四方；冬季六邊三角形的構成星	水星
6	太微垣堡主	60	黃道十二星座所有標識星	6 顆三台星
7	紫微垣堡主	70	四季主要星座標識星	左樞、右樞；帝星；三垣的垣牆
8	星主	80	四季各選一個星座，認識其標識星	中國星空中西北、南方、北方戰場各選一星
9	星帝	90	較重要的星座，如大熊、獅子、天鵝、天蠍、飛馬、獵戶等能連線辨別；較重要的星，如老人、土司空、大陵五等	熟悉三垣中的主要星星
10	天帝	100以上	熟悉黃道十二星座、能為別人指認星空的主要圖形（夏季大三角等）、熟知利用星星的連線辨別方向的各種辦法；熟悉月亮和五大行星的視運動情況	開始嘗試利用望遠鏡（從雙筒望遠鏡）去認識梅西耶天體

第3章

二十八星宿和《步天歌》

前面認星一章，我們為大家挑選了 100 多顆星。涉及的星星超過 300 顆。實際上，全天肉眼能夠看到的星星要超過 6,000 顆。作為天文愛好者，我們沒必要都涉及。但是，涉及的星空體系，我們還是要清楚的。比如，西方體系 88 個星座中，包含肉眼可見的恆星最多的是天鵝座和半人馬座，都有 150 顆；最少的雕具座只有 10 顆。我們感興趣的，還是我們想要看的那些星星和星座。就東方的三垣四象二十八星宿體系來說，一般認為是涉及 2,442 顆星，指定了 207 個「星官」。

從東西方星空體系的比較來看，西方的 88 個星座傾向於歷史的沿革和星空的分區；東方的星空體系，一方面是「天人合一」思想的體現，另一方面則是為了制定曆法等工作，而方便於觀測定位所用。例如，88 個星座基本包括了星座所在天區亮星，而東方體系中，所選擇用來測位置的「星官」，星星的亮度並不是最重要的挑選依據。更多的是看位置分布的均衡，而且，也要體現出「天人合一」中最重要的「皇權至上」的思維。所以，圍繞「三垣」就構成了四種動物（圖騰）形狀的二十八星宿，它們在天上對「三垣」形成了「拱衛」之勢（見圖 3.1）。

二十八星宿的形成年代是在戰國中期（西元前 4 世紀）。東漢王充在《論衡．談天》中也說：「二十八星宿為日月舍，猶地有郵亭，為長吏廨矣。郵亭著地，亦如星舍著天也。」這說明二十八星宿是借助於觀測月亮之行度而建立的。

二十八星宿分為東、南、西、北四宮（象），每宮七星。為了便於辨識和記憶，古人將它們分別想像為一種動物，即東宮為蒼龍，南宮為朱雀，西宮為白虎，北宮為玄武，這就是「四象」。

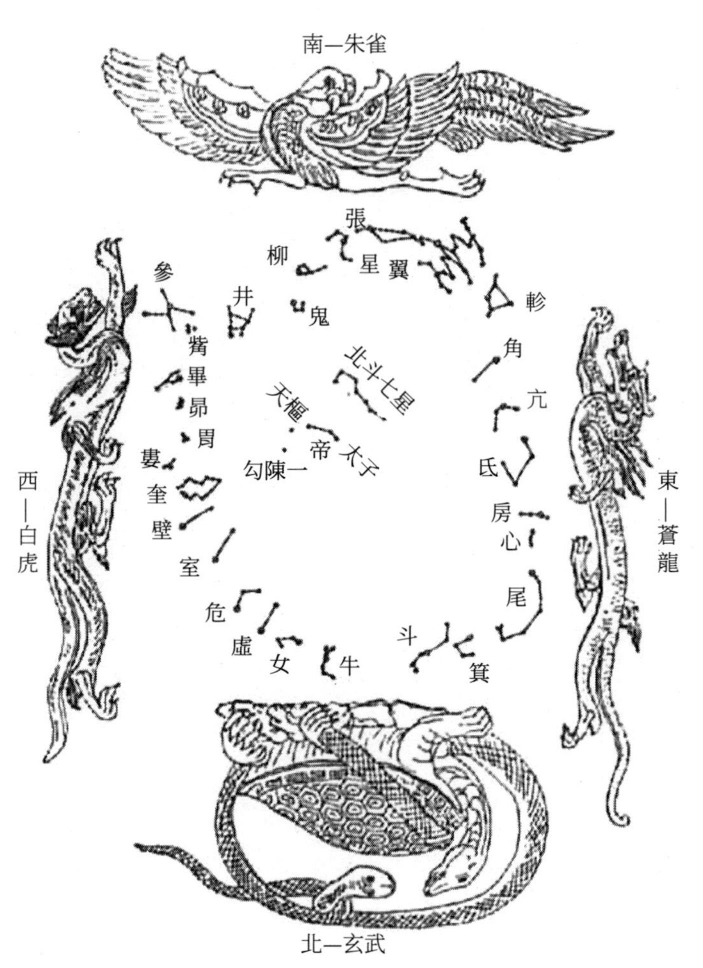

圖 3.1　二十八星宿組合成的四象拱衛著「天帝」

四宮、四象與四季相配如下。

- ★ 東宮蒼龍主春：角、亢、氐、房、心、尾、箕七星；
- ★ 南宮朱雀主夏：井、鬼、柳、星、張、翼、軫七星；
- ★ 西宮白虎主秋：奎、婁、胃、昴、畢、觜、參七星；
- ★ 北宮玄武主冬：斗、牛、女、虛、危、室、壁七星。

3.1 星宿的由來

東方七宿分布在夏至點到秋分點之間，北方七宿分布在秋分點至冬至點之間，西方七宿分布在冬至點和春分點之間，南方七宿分布在春分點至夏至點之間，從中國古代天文學的發展，尤其是曆法的發展來看，這並不是巧合。

在二十八星宿體系形成的年代，即西元前 5670 年前後，二十八星宿基本上是沿赤道均勻分布的，即各宿的赤經之差是相似的。然而，由於歲差的影響，各宿的赤經隨著年代而變化，各宿的宿度（即與下一宿的赤經差）變得廣狹不一，為了保證時間尺度的均勻性，就需要調整。電腦 3D 模擬顯示到西元前 1000 年，二十八星宿在赤道座標系中的位置，斗宿和牛宿、井宿和鬼宿的間距變得很寬。而「建星」正好處於箕宿和牛宿之間，故用建星替代斗宿；而因鬼宿離柳宿太近，故用「弧星」替代鬼星；用狼替代井也是同樣道理。因觜參幾乎重疊，故用參替代觜、用伐替代參。這就是產生「二十八星宿」的道理。在此之後，因為黃道基本上不受歲差的影響。所以，為了方便黃道天體的觀測，二十八星宿的星官就多選擇靠近黃道的星星。

這種觀測對象的轉移，也是歷史發展的需要。從天象上看，北天恆顯圈中的亮星除了北斗七星外，只有其他幾顆孤星而已，所以要從恆顯圈內找北斗七星以外的亮星作報時基準星的話，已經很難再成功了。因此必須將目光跳出恆顯圈，從其他星辰中找。

於是，人們從天空的北半球找到了南半球，因為南天的亮星比北天多得多。但南天的星辰相比北天有個重大「缺陷」——南天的星都處於恆顯圈以外，所以南天所有的星在一年內，多多少少都有那麼一段時間是全天看不到的。而這個特點就決定了要以南天星辰為基準製作報時系統時，必無法像北斗七星那樣，只以一組亮星就能解決全年的計時問題；必須以多組亮星的互補結合與共同使用，才能解決全年不間斷連續紀日的問題。而要從南天眾多的亮星中，對眾多星辰做取捨並篩選出一個有效的報時系統也絕非易事。方位、時間（間隔）上要有規律；還要利於觀測。所以，古人就「成組」地做選擇。組成「星宿」，感覺上是迎合了月亮的運動週期，實際上二十八星宿並不是為了觀測月亮，而是造成了替代北斗七星這一「星組」的作用。

古人的「觀象授時」，特別是確定一年的開始（年首）和季節，大概使用下述幾種方法：

(1) 太陽影長：立竿見影，測量太陽的影長，根據中午太陽影長的變化來確定季節，比如冬至日就是太陽影長最長的那日。
(2) 太陽出沒方位：可以用太陽出沒的方位來判斷季節。
(3) 偕日昇和偕日沒：在日出前觀察哪些亮星剛剛升起，稱「偕日昇」；或在日落後觀察哪些亮星跟著落下，稱「偕日沒」。例如，古埃及就是依據天狼星的偕日昇來判斷尼羅河的泛濫，由此得出一年為 365 天，從而創立了人類的第一個曆法——「天狼星曆」。
(4) 昏星和晨星：依據某亮星在清晨或黃昏時的位置來判斷季節，也可利用拱極星來判斷季節。
(5) 昏中或晨中：即在黃昏或清晨時看正南方的星宿是哪一個來判斷季節。
(6) 晨昏出沒：在清晨或黃昏時，觀察星宿的出沒來判斷季節。如古埃及將赤道附近的星分為 36 組，每組管十天，為一旬。當黎明時看到某一組星升起，就知道是哪一旬。三旬為一月，四月為一季，三季為一年，一年 360 天。
(7) 二十八星宿的月站：依據月相和月亮所在宿來判斷季節，比如滿月時月亮所在宿與太陽所在宿正好相差 180°，上弦月或下弦月時月亮所在宿與太陽所在宿相差 90°，而太陽所在宿就對應著季節或月分。

由以上的情形來看，顯然，利用星組來進行觀測，是最簡單而實用的方法。

3.2　二十八星宿

除使用太陽出沒方位或太陽影長外，古人經常使用星宿（形象）來判斷季節。參宿「三星」可能是最早被用來判斷季節或年首的，比如一些少數民族，以及在澳洲和太平洋島上的土著使用參宿和昴宿來定季節。《史記·天官書》曰：「昴曰髦頭，胡星也。」古代傳說燧人氏「察辰心而出火」，即用大火星（心宿二）的晨出來確定一年的開始。

之後，人們在觀測日月在星空中的運動，認識了更多的黃道星宿，作為「日月五星出入之道」。在黃道星座中，最重要的是東方七宿，亦稱「東方蒼龍」。這樣，古人可能從大火星發展到使用「東方蒼龍」的七宿來確定季節。許慎《說文解字》稱「龍，鱗蟲之長。能幽能明，能細能巨，能短能長，春分而登天，秋天而潛淵」，這「春分而登天，秋天而潛淵」的「龍」極可能就是天上的「東方蒼龍」。《易經》乾卦的卦辭中，諸如「潛龍勿用」、「見龍在田」、「或躍在淵」、「飛龍在天」、「亢龍有悔」和「群龍無首」也正好描述了一年中不同季節所看到的「東方蒼龍」在天空中的位置。同時，由此奠定了「龍」在中華文明的核心地位。

古代觀測二十八星宿出沒的方法常見的有四種：

第一是在黃昏日落後的夜幕初降之時，觀測東方地平線上升起的星宿，稱為「昏見」；

第二是此時觀測南中天上的星宿，稱為「昏中」；

第三是在黎明前夜幕將落之時，觀測東方地平線上升起的星宿，稱為「晨見」或「朝覿」；

第四是在此時觀測南中天上的星宿，稱為「旦中」。

角、亢、氐、房、心、尾、箕，這七個星宿組成一個龍的形象，故稱東方青龍七宿（見圖 3.2）。東方蒼龍共有 48 個星官：

- ★ 角宿：角、平道、天田、周鼎、進賢、天門、平、庫樓、五柱、衡、南門；
- ★ 亢宿：亢、右攝提、左攝提、大角、折威、頓頑、陽門；
- ★ 氐宿：氐、亢池、帝席、梗河、招搖、天乳、天輻、陣車、騎官、車騎、騎陣將軍；
- ★ 房宿：房、鉤鈐、鍵閉、西咸、東鹹、罰、日、從官；
- ★ 心宿：心、積卒；
- ★ 尾宿：尾、神宮、龜、傅說、魚、天江；
- ★ 箕宿：箕、糠、杵。

圖 3.2　東方青龍七宿

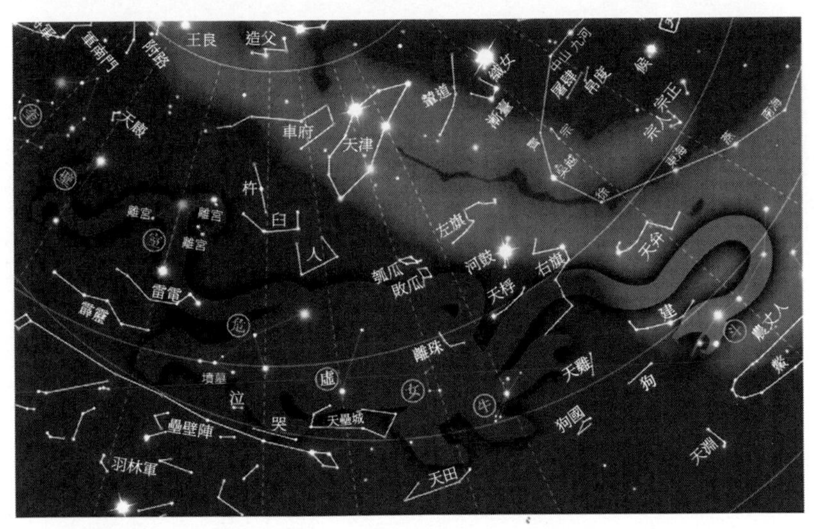

圖 3.3　北方玄武七宿

斗、牛、女、虛、危、室、壁，這七個星宿形成一組龜蛇互纏形象故稱北方玄武七宿（見圖 3.3）。北方玄武共有 76 個星官：

- ★ 斗宿：南斗、建、天弁、鱉、天雞、狗國、天淵、狗、農丈人、天籥；
- ★ 牛宿：牛、天桴、河鼓、右旗、左旗、織女、漸台、輦道、羅堰、天田、九坎；
- ★ 女宿：女、離珠、齊、楚、燕、韓、趙、魏、秦、越、周、鄭、代、晉、敗瓜、天津、奚仲、扶筐、瓠瓜；
- ★ 虛宿：虛、司祿、司危、司非、司命、哭、泣、天壘城、敗臼、離瑜；
- ★ 尾宿：危、墳墓、人、杵、臼、車府、天鉤、造父、虛梁、天錢、蓋屋；
- ★ 室宿：室、離宮、雷電、羽林軍、壘壁陣、斧鉞、北落師門、八魁、天綱、土公吏、螣蛇；
- ★ 壁宿：壁、土公、霹靂、雲雨、鈇鑕、天廄。

奎、婁、胃、昴、畢、觜、參，這七星宿形成一個虎的形象，故稱西方白虎七宿（見圖 3.4）。西方白虎共有 56 個星官：

- ★ 奎宿：奎、外屏、土司空、軍南門、閣道、附路、王良、策、天溷；
- ★ 婁宿：婁、左更、右更、天倉、天庾、天大將軍；
- ★ 胃宿：胃、大陵、天船、積屍、積水、天廩、天囷；

★ 昴宿：昴、天阿、月、天陰、芻藁、天苑、捲舌、天讒、礪石；

★ 畢宿：畢、附耳、天街、天節、諸王、天高、九州殊口、五車、柱、天潢、鹹池、天關、參旗、九斿、天園；

★ 觜宿：觜、座旗、司怪；

★ 參宿：參、伐、玉井、軍井、屏、廁、屎。

圖 3.4　西方白虎七宿

井、鬼、柳、星、張、翼、軫，這七個星宿又形成一個鳥的形象，故稱南方朱雀七宿（見圖 3.5）。南方朱雀共有 46 個星官：

★ 井宿：井、鉞、水府、五諸侯、天樽、北河、南河、積水、積薪、水位、四瀆、闕丘、丈人、子、孫、老人、軍市、野雞、天狼、弧矢；

★ 鬼宿：鬼、積屍氣、天狗、外廚、天記、天社、爟；
★ 柳宿：柳、酒旗；
★ 星宿：星、軒轅、內平、天相、天稷；
★ 張宿：張、天廟；
★ 翼宿：翼、東甌；
★ 軫宿：軫、長沙、右轄、左轄、土司空、軍門、器府、青丘。

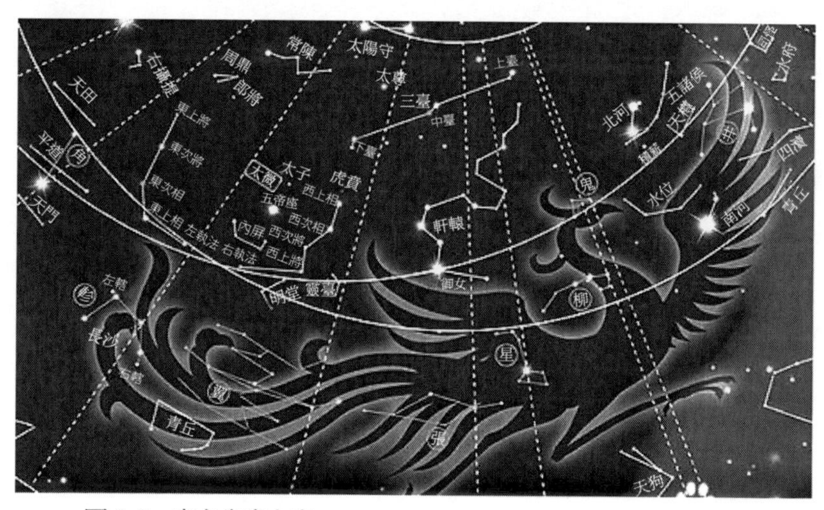

圖 3.5　南方朱雀七宿

二十八星宿的選星，我們從以下幾個例子中，可能能「參悟」出一些東西。

「參」字的本義應當是對參宿中參宿一二三這三顆星的觀

測：其上段的三個圈象徵著這三顆星，而下段則是一個觀測者的形象。由此可見，古人對參宿的觀測有多麼重視。

透過參宿四、參宿五和觜宿三星的加入，使得整個參宿看上去恰好貼著天赤道；既然參宿四和參宿五加入其中了，那麼也乾脆把亮度相近、與參宿一二三距離也相同的參宿六和參宿七加入其中，這樣看著更顯對稱——最終，以參宿一二三為核心、參宿四五六七和觜宿三星為外沿的整個「參宿」就此誕生了。

同時，也構成了老虎的頭臉。

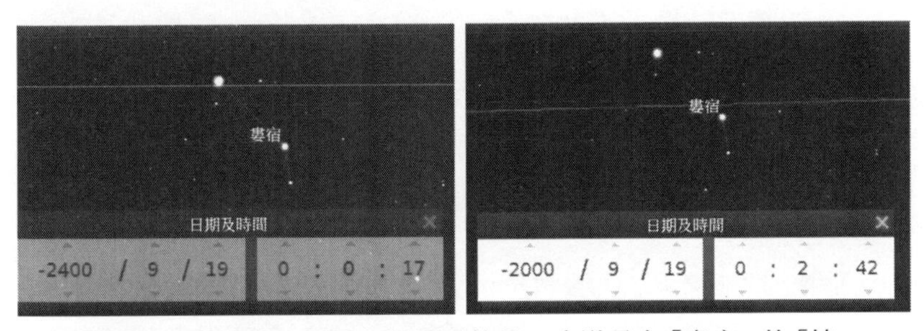

圖 3.6　「婁宿」右圖中很明顯的是，赤道是在「婁宿」的「摟抱」中

從圖 3.6 中的兩張圖上可以明顯看出：在西元前 2400 年到西元前 2000 年的這段時間裡，婁宿的婁宿三和婁宿二這兩顆星是將天赤道緊密「摟抱」在一起的。所以透過「婁宿」的命名，我們可以進一步確認：以天赤道為基準的二十八宿是在西元前 2450 年到西元前 1950 年的這段時間裡被髮明出來的。當

時的古人為了精確標記天赤道，而特意創立了「婁」宿，以顯示天赤道貫穿婁宿而過。雖然隨著歲差運動婁宿不斷北移、夏商之後的婁宿就已遠離了天赤道，但「婁宿」這個稱謂卻一直保存至今，為我們發掘二十八星宿的起源留下了寶貴的線索！

「房」字按《說文解字》的註釋為「房，室在傍者也」。上古邊室皆用單扇門（即「戶」），廟門大門才用雙扇門，故「房」從「戶」。「方」本義為「城邦」、「城邑」。「戶」與「方」聯合起來表示「方形城邑正大門左右兩邊的門衛室（傳達室）」。所以「房」的本義：方城南大門左右兩側的傳達室、門衛室。

在知曉了「房」的本義後，「房宿」命名的依據也由此顯露。如圖 3.7 所示，在西元前 2400 年之前（最遲不晚於西元前 2350 年），天赤道是貫穿房宿而過，就像一條大道貫穿城門而過，而「房宿」四星就像城門邊的門房。

「畢」與「禽」，在甲骨文中是同一個字，後分化。畢，甲骨文（開口向上的「網」，捕鳥工具）（ 「十」是「又」的變形，抓持），表示持網捕鳥。有的甲骨文加「田」（田園），表示在田間和菜園裡撲捕啄食嫩苗的鳥雀。造字本義：用網罩抓捕田間的鳥雀。金文寫成甲骨文手持網罩的形象；篆文省去「田」；隸書變形較大，網形盡失。圖 3.8 所示，「畢宿」的外形與「叉網」幾乎如出一轍，畢宿得名也由此可見。

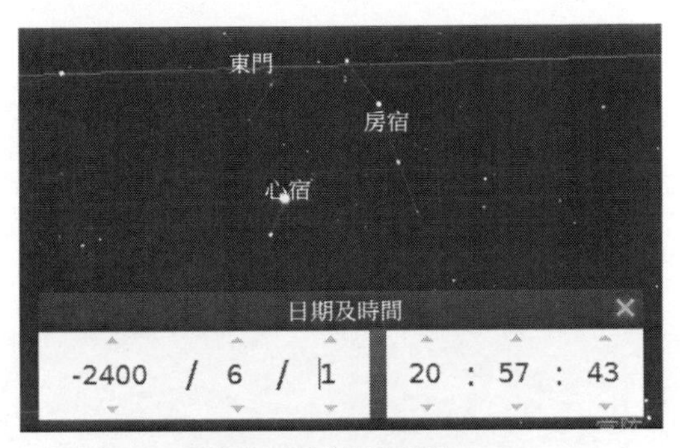

圖 3.7 「房宿」四星就像城門邊的門房

圖 3.8 「畢宿」，捕捉田園中的鳥蟲所用的「叉網」

那麼，古人創立這一恆星體系，為什麼要選取「二十八」這樣一個數字，而不是其他數字呢？它可能與恆星月的長度，也就是月球從某一恆星出發又回到此恆星的週期有關。《呂氏春秋．圜道》說：「月躔二十八星宿，軫與角屬，圜道也。」《史記．律書》所引的古文獻，把二十八星宿稱為二十八舍，著名史學家司馬貞的《索隱》解釋說，二十八星宿就是日月和五大行星所止舍、停宿的地方。這與《呂氏春秋》等書把二十八宿理解為郵亭、星舍是一個意思。在古代印度，二十八宿被稱為「納沙特拉」(nakshatra)，在阿拉伯則被稱為「馬納吉爾」(al-manazil)，意思也都是「月站」。

3.3　《步天歌》

對於對天文感興趣的古代人來說，要記住那些星官和星星的名稱和位置，也不是一件容易的事情。為了幫助記憶，出現了一些以詩歌形式描述星空的作品，其中流傳最廣的就是《丹元子步天歌》，簡稱《步天歌》。它按照紫微垣、太微垣和天市垣以及二十八星宿把全天劃分成 31 大區，以七字為一句，文字簡潔有韻，讀起來琅琅上口。

《步天歌》易懂、易學、易掌握，成為中國古代學習天文的必讀書，宋代著名史學家鄭樵就一面讀《步天歌》，一面觀察星象，「時素秋無月，清天如水，長誦一句，凝目一星，不三數夜，一天星斗，盡在胸中矣」。

而且，在流傳下來的《步天歌》各個版本中，基本都是 360 ～ 366 句。作為一部天文學著作，這當然不是巧合。中國古代周天為 365.25 度（中國古度），一句一步，一步一度，至 365°而恰好步天一週，此即「步天」一詞原意所在。

《步天歌》

三垣

(一) 紫微垣

紫微垣衛應庭闈，北極珠聯五座依。
二是帝星光最赫，一為太子亦呈輝。
庶子居三四後宮，五名北極像攸崇。
北辰之位無星座，近著勾陳兩界中。
六數勾連曲折陳，大星近極體唯真。
天皇大帝勾陳裡，天柱稀疏五數臻。
柱南御女四斜方，柱史之南女史廂。
南列尚書分五位，迤西六足是天床。
兩星陰德極之西，大理偏南數亦齊。
四輔微勾當極上，北瞻六甲數堪稽。
勾陳正北五珠圓，五帝斯稱內座聯。
一十五星營衛列，兩樞左右最居先。
右樞少尉位居西，上輔之西少輔析。
上衛北迤為少衛，上丞居右北門棲。
左樞上少宰星連，上弼微東少弼躔。
上少衛星仍按次，少丞亦蒞北門邊。
北門中處七成章，華蓋為名象好詳。
門內槓星承九數，狀如曲柄蓋斯張。
蓋北當門曲折排，名為傳舍九星偕。
舍西八谷交加積，八谷迤南六內階。

階前六數是文昌，半月勾形少輔傍，
更有三師依輔近，尉南兩個內廚房。
廚前門右兩星析，天乙居東太乙西。
六舍天廚鄰少弼，五珠天棓宰東提。
天槍三數斗稍東，西是三公數亦同，
南指元戈單一顆，七星北麗長空。
天樞西北魁張，璇次璣權序自詳，
再次玉衡居第五，開陽當柄接搖光。
開陽東北輔星連，相在衡南最近權。
魁下太尊中正坐，太陽守位卻南偏。
斗中天理四堪窺，尊右天牢六數維，
勢四牢西方正式，中垣內外步無遺。

(二) 太微垣

太微垣在勢東南，勢北名台位列三。
東向少微斜四數，長垣西向數同參。
文昌勾次上台平，東列中台勢右明。
勢左下台皆兩級，常陳七數斗南呈。
長垣南左是靈臺，其數為三左亦該。
左即明堂相對待，常陳正下兩垣開。
門西執法右名宜，上將居南次將隨。
次相後瞻為上相，右垣五衛左如茲。
門東執法左稱名，上相迤東次相迎。
次將北東居上將，內屏四數列前楹。
中央五帝座唯真，正北微東一幸臣。

太子從官星各一，虎賁依序向西循。
屏東謁者一星參，東列三公數已含。
北屬九卿三數蒞，東依次將卻南偏。
北瞻折節五諸侯，郎位之旋十五儔。
郎將一星東北駐，上垣俱向斗南求。

(三) 天市垣

下垣天市太微東，列國圜圍象著雄。
北有七公承宰次，公南貫索九星充。
貫索迤東天棓南，女床一座數為三。
床南天紀星連九，垣上彎還向好參。
西衛韓星第一籌，楚梁巴蜀及秦周。
次為鄭晉河間位，再次河中右壁修。
宋東南海北迤燕，東海徐星次第連。
吳越一星齊又北，中山西次九河躔。
又西趙魏左垣襄，廿二交環兩衛牆。
帝座一星居正位，一侯東列近中央。
座西宦者四屏營，西有斛星四角平。
以次斗星為數五，迤南列肆兩星橫。
侯左迤南序好循，兩星宗正四宗人。
宗星唯二齊南蒞，屠肆微西兩數臻。
帛度雙星屠肆前，楚南車肆二星連。
市樓六個依南海，天市垣星步已全。

二十八星宿

東方蒼龍

1．角宿

太微垣左兩星參，角宿微斜距在南。
平道二星居左右，進賢一座道西探。
五諸侯北有三星，周鼎為名列足形。
角上天田橫兩顆，天門二數角南屏。
兩個平星近庫樓，衡星樓內四微勾。
庫樓星十如垣列，十一紛披柱亂投。
四楹內外豎衡南，東植雙楹北列三。
西北兩珠皆庫外，南門星象地平含。

2．亢宿

角東亢宿四星符，距在中南像似弧。
大角北瞻明一座，攝提左右各三珠。
亢下橫連七折威，陽門雙列直南扉。
頓頑兩個門東置，車騎諸星向氐歸。

3．氐宿

氐宿斜欹四角端，正西為距亢東看。
亢池大角微南四，帝席三星角北觀。
梗河三數席之東，一顆招搖斗柄沖。
天輻兩星當氐下，陣車三數輻西叢。
騎官十個頓頑南，騎陣將軍駐一驂。

車騎三星臨地近，巴南天乳氐東探。

4．房宿

氐東房宿四偏南，距亦中南四直參。
兩個鉤鈐房左附，一珠鍵閉北東含。
東西咸各四星披，房北還應左右窺。
罰近西咸三數是，上當梁楚兩星歧。
西咸勾下日星單，氐宿東南最易看。
更向房西天輻左，迤南認取兩從官。

5．心宿

心當房左向堪稽，中座雖明距在西。
好向東咸勾下認，三星斜倚象析析。
房南直指兩星微，正界從官左畔歸。
積卒斜瞻遙向處，恰當心二著清暉。

6．尾宿

尾蒞心南向徂東，九星勾折距西中。
西南折處神宮附，傅說歧勾左畔充。
勾東北視一星魚，北有天江四數居。
江指尾中當宋下，龜星不見象非虛。

7．箕宿

尾東箕宿像其形，天市東南列四星。
舌向西張當傳說，距為西北本常經。
尾勾正北一名糠，箕舌之西象簸揚。
南置杵星臨地近，象因常隱不須詳。

北方玄武

1・斗宿

斗宿依稀北形，衡中缺一六珠熒。
箕之東北當東海，正界魁衡是距星。
斗西天籥八星圜，南海魚星兩界間。
東海迤東天弁是，徐南九顆折三彎。
建星曲六弁南迎，建左天雞兩直行。
兩狗建南俱斗右，四星狗國又東傾。
農丈人居斗下廛，鱉星十一丈人前。
鱉東三數天淵是，半為塵蒙象未全。

2・牛宿

六數交加宿號牛，正中為距斗東求。
南三北二皆攢聚，羅堰三星宿左修。
堰南四顆是天田，九坎田形近地邊。
牛北橫三翹一者，天桴象與右旗牽。
右旗曲折界齊東，河鼓斜三左畔沖。
北列左旗形亦曲，旗皆九數鼓居中。
天紀迤東天棓南，星名織女數為三。
漸台四址中山左，輦道台東五數參。

3・女宿

四星女宿對天桴，堰北牛東向不殊。
距在西南應志認，北迤斜四是離珠。
敗瓜五數瓠瓜同，再北天津九類弓。

七數扶筐天棓左，四為奚仲界筐東。
女宿迤南列國臻，越東一鄭兩週循。
周東趙二南齊一，北列雙星並屬秦。
趙東楚魏各星單，代列秦東兩數看。
代右魏東三角似，南燕東晉北為韓。

4．虛宿

兩星遙接略斜參，虛宿為名距在南。
北指司非星兩顆，司危亦二向東探。
正東司祿兩星橫，司命雙星祿下呈。
天壘城依秦代北，十三環曲宿南營。
列國迤南坎北區，三星略折號離瑜。
瑜東敗臼南傾墜，四數微張若仰盂。
天壘維東向好參，哭星兩個近城南。
哭東二數星名泣，危宿之南位易探。

5．危宿

危宿彎三祿左屏，折中東企距南星。
商迤蓋屋星連二，墳墓居東四渺冥。
危北人星略向西，天津南左四星棲。
臼當人北東迤四，杵立三星臼上提。
天津東北斗七星勾，車府為名杵北修。
造父五星車府北，北瞻九數是天鉤。
蓋屋微東墳墓前，虛梁四數向東偏。
天錢五個離瑜左，哭泣迤南敗臼邊。

6・室宿

危東上下兩珠瑩，距亦南星室宿名。
雷電六星南向列，土公吏二電西營。
離宮右四左雙珠，室宿之巔六數敷。
旋繞螣蛇星廿二，北瞻造父略南紆。
天綱敗臼左隅連，北落師門各一圓。
壘壁陣星聯十二，虛梁哭泣各星前。
八魁左陣六星躋，斧鉞三星略向西。
四十五星三作隊，羽林軍在陣南棲。

7・壁宿

東壁星當營室東，以南為距數攸同。
北瞻天廏三微左，南有雙星是土公。
雷電微東位列前，星名霹靂五珠連。
再南雲雨星為四，俱在梁東陣上邊。
壁宿東南向最遙，五星斧鑕遠相要。
壁南火鳥星連十，雖附南規象半昭。

西方白虎

1・奎宿

十六星聯莫擬形，壁東奎宿象晶瑩。
南西三顆中為距，南列微平七外屏。
軍南門傍宿之巔，閣道東翹六數連。
翹接遠通傳舍北，適當華蓋略東偏。
閣道螣蛇兩界中，王良五數舍南充。

策依良北星唯一，附路良南數亦同。
八魁微北向東探，鈇鑕迤西位好參。
天溷四星屏下置，土司空又溷之南。

2．婁宿

奎宿微南向徂東，三星婁宿距為中。
北迤天大將軍是，十一星聯狀似弓。
左右更居宿兩傍，東西各五數堪詳。
天倉六數穿天溷，天庾三星列在廂。

3．胃宿

婁左三星胃宿名，以西為距著晶瑩。
外屏正左天囷列，十有三星近左更。
天廩囷東四捨修，大陵胃北八星勾。
天船九泛陵東北，屍水分投積一籌。

4．昴宿

胃東昴宿七星臨，距亦當西向下尋。
西一天阿東一月，西南五數是天陰。
天囷天庾兩廂中，蒭藁交加六數充。
天苑環營星十六，天囷南畔蒿之東。
捲舌星當昴北緘，曲勾六數隱天讒。
舌東月北斜方者，礪石為名四數函。

5．畢宿

天廩迤東畢宿欹，距當東北八星歧。
天街兩顆微居右，附耳微東一數隨。

畢南天節八星彰，左列參旗九數揚。

旗北天高星四顆，北瞻六數是諸王。

諸王再北五車乘，內有天潢五數仍。

三數咸池微後載，西三東六柱分承。

參旗南向九斿援，旗左天關列一藩。

斿右九州殊口六，苑南當地是天園。

6．觜宿

天關正下宿名觜，參宿之巔界兩歧。

距是北星三緊簇，北東司怪四堪窺。

天高司怪夾天關，共列諸王略次斑。

北列座旗維數九，五車東北疊三彎。

7．參宿

觜南參宿七星昭，距在中東自古標。

中下伐星三顆具，西南玉井四星僑。

宿南軍井四西偏，前列屏星廁右邊。

屏左廁星為四數，一星名屎廁之前。

南方朱雀

1．井宿

參東向北八星存，西北先將井宿論。

水府四星鄰井右，井東三數是天樽。

一珠積水北河三，五位諸侯又在南。

南有積薪樽左一，鉞星附距一珠含。

井前水位四居東，四瀆居西數亦同。
位下南河三數具，闕邱瀆下兩星沖。
井南廁左一天狼，軍市狼南六數襄。
市內野雞星一數，九星弧矢市南張。
弧矢迤西兩個孫，子星再右丈人尊。
屎南左右星皆二，一老人星向莫論。

2．鬼宿

水位迤東鬼宿停，西南為距四方形。
積屍一氣中間聚，北視微西四爟星。
鬼宿之前六外廚，廚南天狗七星圖。
再南天社星應六，天記居東止一珠。

3．柳宿

外廚近北鬼之前，兩界之中略左偏。
距是西星名柳宿，向南勾曲八星連。
鬼宿之東列酒旗，向當柳宿北東基。
軒轅略右須詳認，旗是三星向左披。

4．星宿

酒旗直下七星宮，星宿為名距正中。
天相三星居宿左，軒轅恰與上台沖。
軒轅十六象之旋，御女還應附在前。
軒左內平猶近北，四星正在勢西邊。

5．張宿

軒轅南徂宿名張，天相之前近處望。

星宿略東堪志認，張為六數象須詳。
兩珠左右各分牽，中有斜方四略偏。
方際西星應作距，東鄰翼宿式相連。

6．翼宿

張宿之東翼宿繁，太微右衛向南看。
明堂正下重相疊，廿二星形未易觀。
南北星皆五數充，中如張六距攸同。
接連上下之旋處，各有三星象最豐。

7．軫宿

太微垣下四星留，軫宿為名翼左求。
西北一星詳認距，翼南軫右七青邱。
軫為方式象宜參，內附長沙一粒含。
轄其兩星分左右，左依東北右西南。

官網

國家圖書館出版品預行編目資料

宙斯與玉帝談星：四季星宿 × 神話故事 × 觀星指南，一次了解各具特色的東西方星空，成為讀星高手不是夢！ / 姚建明 編著 . -- 第一版 . -- 臺北市 : 崧燁文化事業有限公司 , 2022.11
面； 公分
POD 版
ISBN 978-626-332-837-2(平裝)

1.CST: 恆星 2.CST: 星座 3.CST: 通俗作品
323.8　　111016649

宙斯與玉帝談星：四季星宿 × 神話故事 × 觀星指南，一次了解各具特色的東西方星空，成為讀星高手不是夢！

臉書

編　　著：姚建明
發 行 人：黃振庭
出 版 者：崧燁文化事業有限公司
發 行 者：崧燁文化事業有限公司

E-mail：sonbookservice@gmail.com
粉 絲 頁：https://www.facebook.com/sonbookss/
網　　址：https://sonbook.net/
地　　址：台北市中正區重慶南路一段六十一號八樓 815 室
Rm. 815, 8F., No.61, Sec. 1, Chongqing S. Rd., Zhongzheng Dist., Taipei City 100, Taiwan
電　　話：(02)2370-3310　　**傳　　真**：(02) 2388-1990

印　　刷：京峯彩色印刷有限公司（京峰數位）
律師顧問：廣華律師事務所 張珮琦律師

定　　價：350 元
發行日期：2022 年 11 月第一版
◎本書以 POD 印製